Elie Assémat

Nouveau regard sur les systèmes intégrables

Elie Assémat

Nouveau regard sur les systèmes intégrables

Applications des tores de Liouville singuliers au contrôle quantique et à l'optique non-linéaire

Presses Académiques Francophones

Impressum / Mentions légales
Bibliografische Information der Deutschen Nationalbibliothek: Die Deutsche Nationalbibliothek verzeichnet diese Publikation in der Deutschen Nationalbibliografie; detaillierte bibliografische Daten sind im Internet über http://dnb.d-nb.de abrufbar.
Alle in diesem Buch genannten Marken und Produktnamen unterliegen warenzeichen-, marken- oder patentrechtlichem Schutz bzw. sind Warenzeichen oder eingetragene Warenzeichen der jeweiligen Inhaber. Die Wiedergabe von Marken, Produktnamen, Gebrauchsnamen, Handelsnamen, Warenbezeichnungen u.s.w. in diesem Werk berechtigt auch ohne besondere Kennzeichnung nicht zu der Annahme, dass solche Namen im Sinne der Warenzeichen- und Markenschutzgesetzgebung als frei zu betrachten wären und daher von jedermann benutzt werden dürften.

Information bibliographique publiée par la Deutsche Nationalbibliothek: La Deutsche Nationalbibliothek inscrit cette publication à la Deutsche Nationalbibliografie; des données bibliographiques détaillées sont disponibles sur internet à l'adresse http://dnb.d-nb.de.
Toutes marques et noms de produits mentionnés dans ce livre demeurent sous la protection des marques, des marques déposées et des brevets, et sont des marques ou des marques déposées de leurs détenteurs respectifs. L'utilisation des marques, noms de produits, noms communs, noms commerciaux, descriptions de produits, etc, même sans qu'ils soient mentionnés de façon particulière dans ce livre ne signifie en aucune façon que ces noms peuvent être utilisés sans restriction à l'égard de la législation pour la protection des marques et des marques déposées et pourraient donc être utilisés par quiconque.

Coverbild / Photo de couverture: www.ingimage.com

Verlag / Editeur:
Presses Académiques Francophones
ist ein Imprint der / est une marque déposée de
AV Akademikerverlag GmbH & Co. KG
Heinrich-Böcking-Str. 6-8, 66121 Saarbrücken, Deutschland / Allemagne
Email: info@presses-academiques.com

Herstellung: siehe letzte Seite /
Impression: voir la dernière page
ISBN: 978-3-8416-2012-5

Université de Bourgogne

ICB

Thèse

pour obtenir le titre de

DOCTEUR en PHYSIQUE

présentée par

Assémat Élie

le 19 Octobre 2012

SUR LE RÔLE DES SINGULARITÉS HAMILTONIENNES DANS LES SYSTÈMES CONTRÔLÉS :

Applications en mécanique quantique et en optique non-linéaire

---

Directeur de Thèse

Dominique Sugny

Jury :

G. MILLOT	Professeur (Université de Bourgogne)	Président du jury
S. TRILLO	Professeur (Université de Ferrara, Italie)	Rapporteur
U. BOSCAIN	Directeur de Recherche (École Polytechnique)	Rapporteur
B. ZHILINSKII	Professeur (Université du Littoral, Dunkerque)	Examinateur
V. KOSLOFF	Chercheur (Université d'état de St. Pétersbourg, Russie)	Examinateur
A. PICOZZI	Chargé de Recherche (Université de Bourgogne)	Examinateur

Laboratoire Interdisciplinaire Carnot de Bourgogne
UMR 6303 CNRS
BP 47870 – 21078 Dijon – France

Préface à la première édition

Ce texte correspond à mon mémoire de thèse de doctorat. Il n'a pas été retravaillé pour la présente édition ; ni sur le fond, ni sur la forme. Les lecteurs sont donc invités à y piocher les informations qui les intéressent, en étant tolérant vis-à-vis des coquilles qui n'ont pas encore été corrigées. Toutes les remarques et questions sont les bienvenues, vous pouvez les envoyer à l'adresse assemat.elie AT gmail.com.

Bonne lecture !

Remerciements

Tout d'abord, je remercie mon directeur de thèse Dominique Sugny, à la fois pour m'avoir proposé un sujet ouvert et à ma portée, et pour m'avoir accompagné tout au long de ces trois années. De plus, j'ai l'impression qu'il est assez rare aujourd'hui d'avoir la chance de réaliser une thèse concernant des domaines physiques très différents, et je lui dois entièrement cette chance. J'ai également beaucoup de gratitude pour son investissement immense et permament, notamment dans l'aide à la rédaction des articles et les longues relectures du mémoire de thèse.

Je remercie également Dominique et les chercheurs de l'ICB avec lesquels j'ai collaboré pour leur gentillesse. En particulier, cette thèse doit beaucoup à Antonio Picozzi, sans qui ma compréhension de l'optique non-linéaire aurait été plus limitée et Hans Jauslin pour les nombreuses discussions sur les systèmes d'ondes non-linéaires.

Plus généralement, je remercie tous les chercheurs qui ont eu une influence sur cette thèse, comme Steffen Glaser et son équipe à Munich, ainsi que les chercheurs qui ont accepté de faire partie de mon jury de thèse. Je remercie en particulier Guy Millot pour avoir présidé le jury, Stefano Trillo et Ugo Boscain pour avoir amélioré la thèse grâce aux remarques pertinentes de leurs rapports. Je remercie enfin les examinateurs Boris Zhilinskii et Victor Kozlov.

Et bien-sûr un grand merci aux doctorants qui ont entretenu la bonne humeur du D103A : Marc et Matthieu, auteurs des Aventures de ρg (éditions du bureau D103A), et partenaires du tournoi de Blobby volley quasi-quotidien des deux premières années. Merci aux anciens pour leur accueil chaleureux : Anahit, Vahe, Ghassen et aux nouveaux : Malis et Romain, pour avoir essayé de sortir un peu les anciens du mode "geek only".

Je remercie mes amis de longue date, notamment Cédric, sans qui je ne serais pas allé vers le contrôle optimal et Mathias, qui préserve un havre de paix dans les pyrénées ariégeoises. Je remercie profondément mes parents et mes soeurs qui sont une source permanente de fierté et d'inspiration.

Enfin, j'ai une immense gratitude pour Sophie, ma compagne, qui a gentiment supporté mon pic de stress de fin thèse. ;-)

Table des matières

Table des matières

Introduction

L'ÊTRE humain a toujours cherché à contrôler son environnement, dans le but d'améliorer ses conditions de vie et celles de ses enfants. Ainsi, lorsque le feu a été découvert, l'être humain s'est attelé à inventer des moyens de le produire de façon contrôlée. De même, lorsque les premiers marins lancèrent leurs embarcations sur les flots, ils furent vite obligés d'apprendre à contrôler leurs déplacements. Une embarcation est un bon exemple de système contrôlé : elle possède une position propre sur laquelle l'utilisateur peut agir par différents moyens comme le gouvernail. Dans le vocabulaire des systèmes contrôlés, on pourrait appeler *contrôle* l'angle du gouvernail et *état du système* la position de l'embarcation.

Au cours du siècle dernier, les immenses progrès accomplis dans les sciences fondamentales et appliquées ont permis à l'humanité de découvrir un grand nombre de nouvelles propriétés de l'environnement. Parmi celles-ci, la plupart étaient simplement présentes à des échelles trop différentes de celle de la vie quotidienne pour être remarquées au premier abord. Ces découvertes ont ensuite permis de contrôler de nouveaux systèmes, puis de les utiliser à grande échelle. Ce fut le cas du spin, propriété purement quantique qui appartient donc au monde de l'infiniment petit. Le contrôle du spin a donné naissance à plusieurs technologies qui font désormais partie intégrante de la société moderne, comme les scanners IRM dans les hôpitaux, et le stockage d'information dans les disques durs.

Penchons nous un peu plus sur cette dernière application. Les disques durs utilisent un effet nommé magnétorésistance géante (MRG) découvert simultanément par Albert Fert et Peter Grünberg et leurs collaborateurs en 1988 [1], ce qui leur a valu le prix Nobel de physique en 2007. Cette découverte a mené à la création d'un nouveau domaine de la physique, nommé spintronique, qui décrit le rôle des spins dans l'électronique moderne. Il est intéressant de noter que la MRG a été découverte à la fin du siècle, pourtant le spin lui-même a été mis en évidence dès 1922 par l'expérience de Otto Stern et Walther Gerlach. Ce délai s'explique simplement en remarquant que pour observer expérimentalement la MRG, il a fallu réunir l'expertise de deux domaines très différents : les connaissances de physique fondamentale sur le transport dans les ferromagnétiques nécessaires à la description théorique de la MRG, et la maîtrise expérimentale de la création de couches ultra-minces (quelques nanomètres). Cet exemple met en lumière un processus courant en recherche : la collaboration de deux domaines différents permet d'obtenir de nouveaux résultats physiques sur des systèmes déjà connus. Ceci est d'autant plus vrai lorsque l'on considère des domaines fournissant des outils d'analyse générale, puisque ces outils peuvent ensuite être appliqués à différentes branches de la physique.

Ce transfert de connaissance d'un domaine vers un autre constitue la racine de cette thèse. En effet, son but est d'améliorer le contrôle de systèmes physiques grâce à certains résultats issus de deux branches des mathématiques : la théorie du contrôle optimal et les singularités hamiltoniennes.

La théorie du contrôle optimal est la conséquence mathématique de cette volonté de contrôler le mieux possible un système donné. Elle a été dévoloppée sous sa forme moderne par L. S. Pontryagin et ses collaborateurs à la fin des années 50, originellement pour optimiser le contrôle des véhicules spatiaux. Elle s'est ensuite étendue à différents domaines, allant de la finance à la robotique. Puis, elle fut adaptée pour la mécanique quantique dans les années 80 par David J. Tannor, Herschel Rabitz et leurs collaborateurs [2, 3]. Le contrôle *optimal* signifie qu'il existe un certain coût que nous voulons maintenir le plus bas possible tout en contrôlant le système. Par exemple, dans le cas des disques durs, on aimerait pouvoir écrire et lire dessus en minimisant la consommation électrique de l'appareil. Ainsi, un problème de contrôle optimal consiste à contrôler le système en partant d'un point initial donné, tout en minisant une fonctionnelle de coût. La théorie du contrôle optimal permet de transcrire un tel problème de contrôle optimal dans un cadre hamiltonien grâce au Principe du Maximum de Pontryagin (PMP). Concrètement, Le PMP produit un pseudo-hamiltonien qui décrit la dynamique du système via les équations de Hamilton. Cette dynamique contient les trajectoires optimales recherchées. Pour obtenir ces trajectoires, nous pouvons utiliser soit des algorithmes numériques, soit des méthodes analytiques s'appuyant sur des arguments géométriques. On parle alors de *contrôle optimal géométrique*. Cette méthode, réservée aux systèmes de basses dimensions, permet une étude globale de la dynamique hamiltonienne produite par le PMP.

Ceci est une illustration supplémentaire du fait que la mécanique hamiltonienne est un outil couramment utilisé en physique. Cependant, la physique n'utilise pas complètement les avancées récentes des recherches mathématiques dans ce domaine. Par exemple, bien que les systèmes intégrables soient connus depuis longtemps en mécanique hamiltonienne (Liouville - 1855 [4]), peu de branches de la physique utilisent les singularités que ce formalisme décrit. En effet, dans un système intégrable la dynamique s'enroule sur un tore dans l'espace des phases. Parmi ces tores, certains sont réguliers, d'autres sont singuliers. Les tores réguliers correspondent aux trajectoires quasi-périodiques standards dans les systèmes intégrables. Les tores singuliers généralisent les lignes séparatrices présentes dans les espaces des phases de dimension 2. Cela signifie que les seules trajectoires de périodes infinies se trouvent sur ces tores singuliers, qui jouent donc un rôle important dans la structure des trajectoires. Malgré cela, peu d'études physiques utilisent actuellement ces propriétés. De plus, elles sont à l'origine d'un autre concept qui s'est également peu diffusé en physique : celui de monodromie hamiltonienne introduit par le mathématicien Johannes J. Duistermaat en 1980 [5]. Il montra que la présence de ces tores singuliers empêche de définir globalement les variables action-angles qui décrivent localement les tores de l'espace des phases. Il en déduit un invariant topologique : la monodromie hamiltonienne. En physique, l'utilité des invariants n'est plus à démontrer, pourtant la monodromie hamiltonienne reste très peu connue, notamment à cause de sa découverte récente en mathématique. Il est donc fort probable qu'il suffise d'étudier les bons exemples de systèmes physiques pour mettre en lumière le potentiel de ce genre d'outils.

Pour choisir les systèmes physiques sur lesquels nous appliquerons ces outils, revenons sur l'exemple de la MRG et des disques durs. Deux éléments clefs ont permis l'aboutissement de ces recherches : d'abord la possibilité de faire des expériences, ensuite le fait que la théorie modélisant le système étudié était déjà bien établie. En effet, les bases théoriques étaient déjà présentes dans la thèse de doctorat d'Albert Fert, plus de vingt ans avant la découverte de la MRG. En suivant ces idées, notre but sera d'appliquer la théorie du contrôle optimal en RMN et les singularités hamiltoniennes en optique non-linéaire. Ces choix se justifient par certaines propriétés de ces systèmes, que nous détaillons ci-dessous.

En RMN, les expériences permettent la mise en forme des contrôles non-continus produits par le PMP, tout en produisant une très bonne adéquation entre les prédictions théoriques et les résultats expérimentaux. De plus, le modèle théorique a fait ses preuves depuis plus d'un demi-siècle. Le principe de la RMN a été découvert en 1936 par Isidor I. Rabi et les premières expériences dans sa forme moderne ont été faites indépendamment par Felix Bloch et Edward M. Purcell en 1946. Cette discipline utilise l'interaction entre des champs magnétiques et les spins présents dans un matériau pour obtenir des informations sur ce dernier. Elle permet par exemple d'obtenir la structure spatiale d'une molécule inconnue. En plus d'une simple mesure, ce processus permet de contrôler le spin en question. Cette possibilité de contrôle est utilisée en permanence dans les expériences de RMN, principalement pour préparer le système avant la mesure. Dans ce système, le contrôle est un champ magnétique et l'état du spin peut se traduire par la position d'un point sur une sphère, nommée sphère de Bloch.

Dans le cas de l'optique non-linéaire, les connaissances expérimentales sont très développées à cause des applications directes de cette discipline dans l'industrie des télécommunications, notamment à travers la généralisation de l'usage de la fibre optique. Depuis la découverte de cette dernière en 1964, les modèles théoriques n'ont cessé de se développer, si bien qu'il existe actuellement des modèles pour une grande variété de milieux non-linéaires : fibre isotrope, fibre télécom, cristal photonique, etc... Un point commun à certains de ces modèles se trouve dans l'existence de solutions stationnaires issues de systèmes hamiltoniens intégrables. Or, ces solutions jouent un rôle important dans divers effets physiques comme les solitons ou l'attraction de polarisation. Il est alors naturel de supposer qu'il pourrait être intéressant de reprendre ces études du point de vue des singularités hamiltoniennes.

Cette thèse possède un double objectif. Le premier est l'amélioration des techniques de contrôle en mécanique quantique, et plus particulièrement en RMN, grâce aux techniques du contrôle optimal géométrique. Le second consiste à étudier l'influence des singularités hamiltoniennes dans les systèmes physiques contrôlés. L'organisation de ce manuscrit découle de ces objectifs. Le premier chapitre introduit les outils mathématiques nécessaires à la compréhension de la suite du travail. Nous nous restreindrons à une introduction s'appuyant sur des exemples, aucune démonstration ne sera donnée. Nous commencerons par introduire le contrôle optimal géométrique, avec notamment le Principe du Maximum de Pontryaguin. Nous présenterons également les points conjugués, qui correspondent à des conditions d'optimalité du second ordre. Ensuite nous ferons un rappel sur les systèmes hamiltoniens intégrables pour arriver jusqu'à la monodromie hamiltonienne.

Le second chapitre regroupe les projets concernant le contrôle optimal. Il débute par une introduction à la RMN, puis traite trois problèmes classiques dans ce domaine : l'inversion simultanée de deux spins, l'inclusion des termes non-linéaires dans le modèle et une méthode pour optimiser le rapport signal sur bruit, nommée méthode du point fixe dynamique. Ensuite, nous appliquons le PMP au problème de transfert de population dans un système quantique à trois niveaux. Le but est ici de retrouver avec le contrôle optimal la méthode STIRAP, bien connue dans ce domaine.

Le troisième chapitre traite du contrôle de la polarisation dans les fibres optiques. Nous commençons par une introduction à l'optique non-linéaire, en résumant notamment les nombreuses approximations faites pour arriver aux équations utilisées. Ensuite, nous montrons comment l'étude des singularités hamiltoniennes permet de contrôler la polarisation dans différentes fibres optiques. Enfin, nous mettons en évidence un phénomène d'auto-polarisation, permettant à une onde de se polariser dans un état bien défini en interagissant avec elle-même.

Le dernier chapitre présente l'influence de la monodromie hamiltonienne en mécanique quantique et en optique non-linéaire. Nous illustrons d'abord le concept à travers un exemple issu d'un roman de Jules Verne. Ensuite, nous montrons l'existence d'une monodromie généralisée dans le spectre vibrationnel de l'acide hypochloreux (HOCl). Enfin, nous donnons une méthode de mesure de la monodromie dynamique dans deux systèmes classiques en optique non-linéaire : le modèle de Bragg et le mélange à trois ondes.

Ces trois années de recherche ont abouti à la publication des articles suivants :

Second Chapitre :

– E. Assémat, M. Lapert, Y. Zhang, M. Braun, S. J. Glaser et D. Sugny, *Simultaneous time-optimal control of the inversion of two spin-$\frac{1}{2}$ particles*, Phys. Rev. A, **82**, 013415 (2010)
   Résumé : La solution de l'inversion simultanée de deux spins en temps minimum est présentée. Cet article montre que l'un des deux contrôles est inutile dans ce cas précis. L'implémentation expérimentale du contrôle est effectuée et comparée aux prédictions théoriques.

– E. Assémat, L. Attar, M. J. Penouilh, M. Picquet, A. Tabard, Y. Zhang, S. J. Glaser et D. Sugny, *Optimal control of the inversion of two spins in Nuclear Magnetic Resonance*, Chem. Phys. **405**, 71 (2012)
   Résumé : La solution de l'inversion simultanée de deux spins en énergie minimum est présentée. Cet article donne une solution visuelle du problème de tir et compare les solutions énergie minimum et temps minimum. L'implémentation expérimentale du contrôle est effectuée et comparée aux prédictions théoriques.

– E. Assémat et D. Sugny, *A connection between optimal control theory and adiabatic passage techniques*, Phys. Rev. A, **86**, 023406 (2012)

Résumé : Cet article étudie un système à trois niveaux avec dissipation, avec une structure dite en Λ. Il utilise les singularités hamiltoniennes pour comprendre la structure du système hamiltonien donné par le PMP. Il montre qu'il est possible de retrouver le processus STIRAP avec le PMP en utilisant un coût adéquat.

Troisième Chapitre :

– E. Assémat, S. Lagrange, A. Picozzi, H. R. Jauslin et D. Sugny, *Complete nonlinear polarization control in an optical fiber system*, Opt. Lett., **35**, no.12, 2025 (2010)

Résumé : L'utilisation des tores singuliers permet de contrôler complètement la polarisation d'un signal dans une fibre optique isotrope. Le contrôle s'effectue *via* l'ajustement de la polarisation d'un laser pompe avec lequel le signal interagit de façon contra-propagative.

– E. Assémat, A. Picozzi, H. R. Jauslin et D. Sugny, *Instabilies of optical solitons and Hamiltonian singular solutions in a medium of finite extension*, Phys. Rev. A, **84**, 013809 (2011)

Résumé : Une certaine classe de solitons dans les fibres optiques provient des singularités hamiltoniennes. La stabilité des solitons peut se prédire en observant les singularités présentes dans le système.

– E. Assémat, D. Dargent, A. Picozzi, H. R. Jauslin et D. Sugny, *Polarization control in spun and telecommunication optical fibers*, Opt. Lett., **36**, no.20, 4038 (2011)

Résumé : L'attraction de polarisation est démontrée numériquement dans des fibres hautement birefringentes avec torsion et les fibres utilisées en télécommunication. Les tores singuliers particuliers (bitores) présents dans les fibres avec torsion donnent naissance à une attraction vers une ligne d'états de polarisation, contrairement à l'attraction ponctuelle observée jusque-là.

– E. Assémat, A. Picozzi, H. R. Jauslin et D. Sugny, *Hamiltonian tools for the analysis of optical polarization control*, J. Opt. Soc. Am. B, **29**, no.4, 229 (2012)

Résumé : Les détails techniques permettant l'analyse des singularités hamiltoniennes en optique non-linéaire sont donnés. Cet article, conçu pour diffuser ces outils dans la communauté de l'optique non-linéaire, est illustré par leurs applications dans trois types de fibres différents.

– J. Fatome, S. Pitois, P. Morin, D. Sugny, E. Assémat, A. Picozzi, H. R. Jauslin, G. Millot, V. V. Kozlov et S. Wabnitz, *A universal optical all-fiber polarizer*, accepté à Scientific Reports (2012)

Résumé : Une nouvelle sorte de polariseur est décrite. Cet appareil est basé sur l'effet d'auto-polarisation. L'article présente les tests expérimentaux et les simulations numériques qui confirment le bon fonctionnement de l'appareil. A cela s'ajoute un rapide rappel de la théorie.

Quatrième Chapitre :

– E. Assémat, K. Efstathiou, M. Joyeux et D. Sugny, *Fractional Bidromy in the Vibrational Spectrum of HOCl*, Phys. Rev. Lett., **104**, 113002 (2010)

Résumé : Le spectre vibrationnel de la molécule HOCl est analysé. L'article montre la présence d'une monodromie généralisée : la bidromie fractionnaire.

– E. Assémat, C. Michel, A. Picozzi, H. R. Jauslin et D. Sugny, *Manifestation of Hamiltonian Monodromy in Nonlinear Wave Systems*, Phys. Rev. Lett., **106**, 014101 (2011)

Résumé : La monodromie hamiltonienne est mise en évidence de façon numérique dans le modèle de Bragg et le mélange à trois ondes dégénéré. Une méthode de mesure dynamique de la monodromie est proposée.

Chapitre 1

Outils Mathématiques

C E chapitre introduit les outils mathématiques nécessaires à la compréhension de la suite du manuscrit. Le but n'est pas de donner une introduction complète et détaillée incluant toutes les démonstrations, qui peuvent se trouver dans la littérature. Nous allons plutôt rappeler les résultats importants en les illustrant par des exemples simples tout en donnant les références nécessaires pour approfondir le sujet.

Cette thèse utilise principalement des résutats relevant de deux domaines différents, tous deux liés au formalisme hamiltonien : le contrôle optimal géométrique d'une part, et les systèmes hamiltoniens intégrables d'autre part.

1.1 Contrôle Optimal Géométrique

1.1.1 Introduction

La nécessité de contrôler des systèmes tout en prenant en compte les contraintes matérielles a donné naissance à la théorie du contrôle optimal. Par exemple, le contrôle des trajectoires des satellites doit se faire en minimisant la quantité de carburant utilisée, puisque celui-ci a un coût financier important. Le contrôle optimal se divise en deux approches : l'approche géométrique [6, 7, 8, 9] et l'approche numérique [10, 11, 12, 13, 14]. Le contrôle optimal géométrique consiste à résoudre le problème de contrôle optimal en utilisant des outils de géométrie différentielle pour obtenir une solution analytique ou numérique avec une très grande précision. Le contrôle optimal numérique utilise des algorithmes itératifs qui convergent vers la solution optimale à partir d'une solution d'essai. Cette méthode est généralement moins précise que la première, mais elle peut traiter des problèmes de dimension bien plus élevée. Ces deux méthodes sont basées sur le Principe du Maximum de Pontryagin (**PMP**), développé sous sa forme moderne par L. Pontryagin et ses collaborateurs à la fin des années 50. D'abord appliqué en mécanique spatiale pour optimiser la trajectoire des fusées et satellites, ces outils se sont ensuite étendus à de nombreux domaines, allant de la finance à la robotique. L'approche numérique du contrôle optimal a finalement été développée en mécanique quantique à la fin des années 80 grâce à D.J. Tannor, H. Rabitz et leurs collaborateurs [2, 3]. Depuis, de nombreux progrès ont été effectués au niveau théorique et expérimental [15, 16, 17]. Le contrôle optimal géométrique est apparu plus tardivement en mécanique quantique [18, 19, 20] et ce n'est que très récemment que des expériences ont pu valider ces prédictions [21].

Concrètement, le PMP produit un système dynamique hamiltonien dont les trajectoires incluent les trajectoires optimales recherchées. Plus précisément, le PMP correspond à une condition de maximisation du premier ordre. Les trajectoires obtenues sont donc des extrémales du problème mais pas nécessairement des optimales. Ces trajectoires optimales peuvent être ensuite sélectionnées soit par des algorithmes itératifs (approche numérique), soit par une étude de la structure des trajectoires (approche géométrique). L'approche numérique permet d'obtenir des trajectoires extrémales pour des systèmes complexes, mais l'interprétation physique des solutions est souvent difficile, du fait de leurs structures complexes. Enfin, il est rarement possible d'affirmer que la solution obtenue est bien la solution optimale globale et pas un simple extremum. A l'opposé, l'approche géométrique se limite à des systèmes de faible dimension, donnant une solution analytique ou numérique de haute précision. Ce type d'étude permet une compréhension fine de la structure des solutions optimales tout en donnant dans les cas les plus simples la trajectoire optimale globale du système.

1.1.2 Définition d'un problème de contrôle optimal

Nous rappelons ici ce que l'on entend par *problème de contrôle optimal* [22, 23, 24]. On considère un système dynamique dont l'état du système est noté $x(t) \in \mathbb{R}^n$. Ce système dynamique dépend d'un paramètre externe $u(t)$ que l'on nomme *contrôle*. Dans cette introduction, nous allons nous restreindre au cas où $u(t)$ est un scalaire, mais le cas vectoriel peut aussi être considéré. On se donne un état initial x_0 et un coût $C(x, u)$ que l'on veut minimiser durant la dynamique. Le but consiste à contrôler le système grâce au paramètre $u(t)$ de telle sorte que le coût soit minimal sur l'intervalle de temps $[0, t_f]$. Le temps final t_f peut être fixé ou non, selon le problème physique. Le contrôle est de façon générique une fonction mesurable bornée, il n'est donc pas nécessairement continu :

$$u \in \mathcal{U} \subset L^p[0, t_f] : \begin{array}{ccc} [0, t_f] & \rightarrow & U \in \mathbb{R} \\ t & \mapsto & u(t) \end{array} . \tag{1.1}$$

L'ensemble U est le domaine de contrôle défini par le problème physique. Les fonctions $u \in L^p[0, t_f]$ [1] à valeurs dans U forment l'ensemble $\mathcal{U}$ des *contrôles admissibles*. L'indice p dépend du type de coût considéré. Ces différents points définissent un problème de contrôle optimal, que l'on peut résumer ainsi :

$$\begin{cases} C(x, u) = g(x(t_f)) + \displaystyle\int_0^{t_f} f^0(x(t), u(t)) dt \\ \dot{x} = f(x(t), u(t)) \\ x(0) = x_0 \end{cases} , \tag{1.2}$$

---

1. $L^p[0, t_f]$: espace des fonctions dont la puissance à l'indice p est intégrable au sens de Lebesgue.

où x est l'état du système, x_0 l'état initial, u le contrôle et $C(x,u)$ la fonctionnelle de coût. Dans un problème de contrôle optimal tel que défini ci-dessus, on suppose que la dynamique du système est régie par une équation différentielle ordinaire du premier ordre. On peut se ramener à un tel cas pour un grand nombre de systèmes physiques, que ce soit en mécanique classique ou quantique. En mécanique quantique, on contrôle en général le système par un champ électromagnétique externe que l'on peut moduler durant la dynamique. Le contrôle peut alors être soumis à des contraintes. En effet, dans le cas où le système est contrôlé par un champ magnétique et que u représente l'amplitude de ce champ, on peut vouloir le borner pour conserver une amplitude en accord avec les possibilités expérimentales. Si une telle contrainte existe et que le contrôle la respecte, on dit qu'il est *admissible*, i.e. $u \in \mathcal{U}$. On a alors $u(t) \in U \subset \mathbb{R}$, avec le domaine U défini par une relation du type $|u(t)| \leq A$, où A représente l'amplitude maximale du contrôle.

On note que le coût se décompose en deux parties, le terme $g(x(t_f))$ étant le coût terminal. Il peut servir à se rapprocher d'une cible x_c ou plus généralement à se rapprocher d'un sous-espace tel que $g(x) = 0$. Par exemple, si les $x_i(t) = \langle x(t)|i \rangle$ représentent les projections de l'état sur les différents niveaux d'un système quantique, alors un coût de la forme $g(x) = 1 - x_2^2$ revient à amener le système sur le niveau 2. De même, un coût de la forme $g(x) = x_2^2$ signifie que l'on veut amener le système dans le sous-espace des états tel que le niveau 2 n'est pas peuplé. Notons qu'il est ainsi possible de définir un problème de contrôle sans état cible précis et que le sous-espace cible n'est pas nécessairement atteignable.

Le terme intégral dans le coût permet de minimiser un coût tout au long du chemin choisi. Par exemple, on peut vouloir minimiser en permanence l'énergie utilisé pour contrôler le système. Quand le contrôle représente l'amplitude d'un champ électromagnétique, cela se traduit par un coût de la forme : $C(u) = \int_0^{t_f} u^2(t)dt$. La condition terminale et le terme intégral ne sont pas forcément présents ensembles dans un problème de contrôle optimal, la forme du coût s'adapte en effet au problème physique étudié [2].

On dit qu'un état x est accessible s'il existe un contrôle permettant d'y amener le système depuis l'état initial. L'ensemble des états accessibles définit *l'ensemble accessible*.

1.1.3   Le Principe du Maximum de Pontryagin

On considère un problème de contrôle optimal tel que défini précédemment. Le PMP permet de le reformuler sous une forme hamiltonienne. En effet, il affirme l'existence d'un vecteur p et d'un scalaire négatif ou nul p_0 qui ne s'annulent pas simultanément, tels que l'on puisse écrire un *pseudo-Hamiltonien* :

$$\mathcal{H} = p \cdot f(x,v) + p_0 \cdot f^0(x,v), \tag{1.3}$$

où le symbole $\cdot$ représente le produit scalaire et v le contrôle. Le vecteur p est nommé *état adjoint* ou *moment conjugué* du système. Ce pseudo-Hamiltonien produit la dynamique

---

2. Un problème possédant uniquement un coût terminal est un problème dit de Mayer. Un problème possédant uniquement un coût intégral est un problème dit de Lagrange. L'équation Eq. (1.2) présente un problème de type Mayer-Lagrange

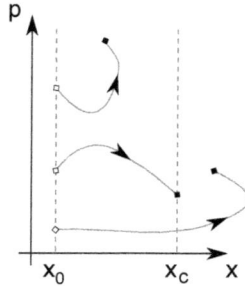

FIGURE 1.1 – Représentation schématique de l'espace des phases d'un problème hamiltonien issu du PMP. Il faut choisir le bon moment initial $p(0)$ pour atteindre la cible.

suivante :

$$\dot{x} = \frac{\partial \mathcal{H}}{\partial p} = f(x, v)$$
$$\dot{p} = -\frac{\partial \mathcal{H}}{\partial x} = -p \cdot \frac{\partial f(x, v)}{\partial x} - p_0 \frac{\partial f^0(x, v)}{\partial x} \qquad . \tag{1.4}$$

Notons que la dynamique de l'état adjoint dépend explicitement du coût. La recherche de la trajectoire va donc demander une étude de l'espace des phases de ce système. La forme du contrôle v est donnée par la condition de maximisation :

$$v = \arg\left(\max_{u \in \mathcal{U}}(\mathcal{H}(u))\right) \qquad . \tag{1.5}$$

Notons que dans le cas *anormal* ($p_0 = 0$), le contrôle ne dépend pas du coût, mais uniquement des contraintes imposées sur le contrôle. La trajectoire optimale recherchée est incluse dans les trajectoires solutions des Eq. (1.4). Celles-ci correspondent à un problème de Cauchy, *i.e.* dans le cas où la trajectoire est lisse, toutes les trajectoires de ce système sont entièrement définies par les conditions initiales $(x(0), p(0))$. De plus, l'état initial $x(0)$ est une donnée du problème, cela signifie qu'il suffit de trouver le bon moment initial $p(0)$ pour atteindre la cible, comme le montre le schéma de la Fig. 1.1. Le contrôle v issu de la condition de maximisation n'est pas nécessairement continu, ce qui est une des différences essentielles entre le PMP et le calcul des variations basé sur l'équation d'Hamilton-Jacobi-Bellman.

Quand la cible n'est pas un état précis mais un sous-ensemble, il existe une condition terminale, dit *condition de transversalité* [23], qui correspond à la minimisation du terme $g(x)$ au temps final :

$$p(t_f) = p_0 \frac{\partial g}{\partial x}\Big|_{t_f}. \tag{1.6}$$

4

Dans le cas où le temps final t_f n'est pas fixé il existe une contrainte supplémentaire [23] :

$$H(x(t_f), p(t_f), u(t_f)) = -p_0 \frac{\partial g}{\partial t}|_{t=t_f}. \tag{1.7}$$

Comme dans la plupart des cas g ne dépend pas explicitement du temps, on en déduit que l'étude en temps libre inclut la contrainte $H(t) = 0$.

On peut noter que le couple (p, p_0) n'est défini qu'à une constante multiplicative près. En effet, considérons $\alpha(p, p_0)$, avec $\alpha > 0$:

$$\dot{x} = \frac{\partial \alpha H}{\partial \alpha p} = \frac{\partial H}{\partial p}$$
$$\dot{\alpha p} = -\frac{\partial \alpha H}{\partial x} \Leftrightarrow \dot{p} = -\frac{\partial H}{\partial x}. \tag{1.8}$$

Dans le cas où $p_0 \neq 0$, que l'on appelle cas normal, on peut donc normaliser p_0 à notre convenance.

Dans toute la suite, nous nous restreignons au cas où le système dynamique dépend linéairement du contrôle. Ceci est valable lorsque l'on considère le premier ordre de l'interaction d'un champ électromagnétique avec la matière, ce qui constitue le cas le plus courant. On peut alors écrire le système dynamique sous la forme :

$$\dot{x} = F(x) + u \cdot G(x). \tag{1.9}$$

Le terme $F(x)$ est nommé *dérive*.

1.1.4 Contrôle non-borné : cas d'un coût en énergie-minimum

La minimisation de l'énergie dépensée pour le contrôle sera l'un des problèmes traités dans les chapitres suivants. Nous allons donc détailler ici quelques points spécifiques à ce type de coût. Dans ce cas, le domaine U est un ouvert, i.e. le contrôle n'est soumis à aucune contrainte, la condition de maximisation (1.5) implique :

$$\frac{\partial \mathcal{H}}{\partial u} = 0. \tag{1.10}$$

Un tel coût suppose que l'origine physique du contrôle est telle que le carré du contrôle est proportionnel à l'énergie injectée dans le système. C'est typiquement le cas lorsque le contrôle représente l'amplitude d'un champ électromagnétique. Si l'on souhaite minimiser cette énergie, le coût devient :

$$C(u) = \int_0^{t_f} u(t)^2 dt, \tag{1.11}$$

et le pseudo-hamiltonien s'écrit :

$$\mathcal{H} = p \cdot F + up \cdot G - \frac{1}{2}u^2, \tag{1.12}$$

où p_0 a été normalisé à $-\frac{1}{2}$ (cas normal). En utilisant les Eq. (1.10) et (1.12) nous obtenons la forme du contrôle : $u = p \cdot G$ et l'hamiltonien devient :

$$\mathcal{H} = p \cdot F + \frac{1}{2}(p \cdot G)^2 . \tag{1.13}$$

Notons que si les composantes de F et G dépendent de façon polynomiale de l'état x, alors il en va de même pour l'hamiltonien. Ce genre de coût produit en général des dynamiques lisses, et donc des contrôles continus.

1.1.5 Contrôle borné : cas d'un coût en temps-minimum en 2 dimensions

On se place maintenant dans le cas à deux dimensions : $x \in \mathbb{R}^2$ [9]. Considérons un contrôle borné par une certaine amplitude limite A. On utilise ce genre de contrainte lorsque le contrôle optimal ne doit pas dépasser le seuil de faisabilité expérimentale. Par exemple si l'on traite un problème en temps minimum, la solution évidente dans bien des cas est de prendre un contrôle d'amplitude infini, ce qui permettrait d'atteindre la cible en temps nul si cette amplitude pouvait être implémentée. Nous avons donc la contrainte :

$$|u| \leq A. \tag{1.14}$$

La condition de maximisation (1.5) peut alors s'utiliser directement en posant $|u| = A$. Observons les conséquences d'une telle contrainte dans le cas du coût en temps minimum. Ce dernier est très utile lorsque la durée allouée à l'expérience est limitée. C'est le cas lorsque les pertes sont importantes, ou bien en imagerie par résonance magnétique, quand le patient attend la fin de la mesure. Un tel coût se traduit par :

$$C = \int_0^{t_f} dt \quad . \tag{1.15}$$

Ceci produit une constante additive dans le pseudo-hamiltonien, lequel peut être redéfini pour absorber cette constante : $\tilde{\mathcal{H}} = \mathcal{H} - p_0$. En temps libre, la contrainte $H(t) = 0$ devient alors $H(t) = -p_0$. Dans ces conditions, le pseudo-hamiltonien s'écrit :

$$\mathcal{H} = p \cdot F + up \cdot G . \tag{1.16}$$

L'expression de la condition de maximisation (1.5) dépend ensuite du terme $p \cdot G$ que l'on nomme *fonction de switch* et que l'on notera ϕ. L'influence de la fonction de switch sur la dynamique optimale est présentée Fig. 1.2. Si ce terme est non-nul, alors la solution est simplement $u = \text{sign}(\phi)A$. Dans le langage du contrôle optimal, ce contrôle est un *Bang*. Au contraire, si la fonction de switch reste nulle sur un intervalle alors nous avons un *contrôle singulier* et le lieu de l'espace des phases correspondant se nomme le *lieu singulier*, noté S. Ce dernier est donc défini par :

$$\left\{ \begin{array}{l} \phi = p \cdot G = 0 \\ \dot{\phi} = p \cdot [F, G] = 0 \end{array} \right. , \qquad (1.17)$$

où $[F, G] = \nabla G \cdot F - \nabla F \cdot G$. Il est intéressant de noter que dans le cas présent le lieu singulier est indépendant de p, *i.e.* il forme un sous-espace de l'espace accessible :

$$S = \{x / \det(G, [F, G]) = 0\} . \qquad (1.18)$$

De façon générale, il faudrait étudier la structure de l'espace des phases, de dimension 4, mais ici la structure importante est le lieu singulier, qui se trouve dans l'espace des états, de dimension 2. Nous pouvons donc limiter l'étude à la structure de l'espace des états, ce qui permet de visualiser la structure des trajectoires sur des représentations en dimension 2. On peut de plus obtenir l'expression du contrôle singulier u_s en supposant que le système reste sur le lieu singulier : $\frac{d}{dt} \det(G, [F, G]) = 0$. Ce qui donne :

$$u_s = -\frac{[F, [F, G]]}{[G, [F, G]]} . \qquad (1.19)$$

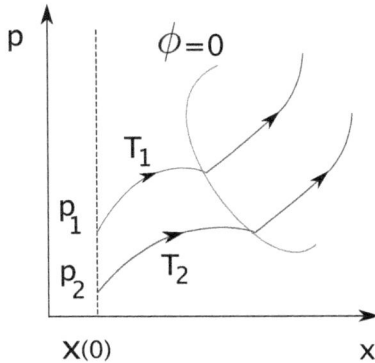

FIGURE 1.2 – Illustration du rôle de la fonction de switch ϕ. Elle définit un sous-espace (en rouge) de l'espace des phases. Ce sous-espace structure les trajectoires (en bleu) du système. On observe également sur ce schéma l'influence de la valeur du moment initial pour atteindre une cible donnée. Elle fixe le temps au bout duquel la trajectoire atteint le lieu $\phi = 0$, ce qui entraîne un changement de signe d'un contrôle Bang.

1.1.6 Remarques sur l'optimalité des trajectoires

Synthèse optimale

Les équations d'Hamilton issues du PMP produisent un ensemble de trajectoires parmi lesquelles se trouve la trajectoire optimale recherchée. On parle de trajectoire *globalement*

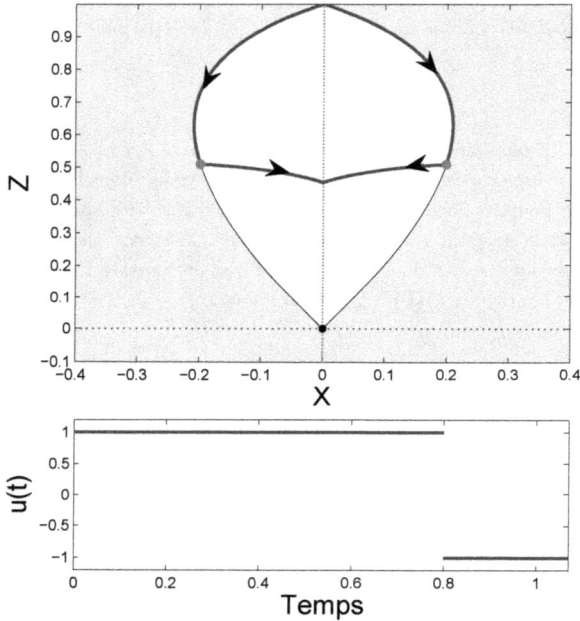

FIGURE 1.3 – Exemple simple de synthèse optimale : système dynamique en 2D. L'état initial est situé en (0, 1). Tous les points de l'ensemble accessible (en blanc) peuvent être atteints par une trajectoire Bang-Bang (en bleu). Le contrôle change de signe entre les deux Bangs (point rouge). Dans cet exemple, le lieu singulier (en pointillés) ne joue aucun rôle.

optimale lorsque l'on peut montrer qu'aucune autre n'est plus efficace pour minimiser le coût, tout en reliant l'état initial à l'état cible. On dit que la trajectoire est *localement optimale* si elle minimise le coût entre deux points appartenant au même voisinage. Notons que certaines trajectoires du PMP ne sont même pas localement optimale. Pour comprendre totalement la structure d'un problème de contrôle optimale, il faut donc être capable de distinguer le type d'optimalité de chaque trajectoire. En basse dimension, on peut ainsi arriver à connaître pour un état initial donné l'ensemble des trajectoires globalement optimales pour chaque point cible potentiel de l'espace accessible. On dit alors que l'on a réalisé une *synthèse optimale*, dont un exemple est présenté dans la Fig. 1.3. Cet exemple est tiré d'un problème de résonance magnétique nucléaire. La physique de ce type de système est traitée dans le chapitre suivant. On observe sur cette figure que l'on peut d'un simple coup d'oeil connaître la façon optimale d'atteindre n'importe quel point : un premier bang nous fait longer le bord de l'ensemble accessible vers le bas, un deuxième Bang permet de plonger à l'intérieur de l'ensemble accessible. Il suffit de faire varier la durée des deux sections de trajectoire de type Bang pour atteindre n'importe quel point de l'ensemble accessible, représenté par la région blanche sur la figure. On note également que le passage entre les deux Bangs correspond effectivement à une discontinuité du contrôle, au temps $t = 0.8$ (sans unité). La figure présente deux trajectoires symétriques, à gauche et à droite. Le contrôle correspond à celle de gauche. On obtient le contrôle équivalent de droite en prenant le même contrôle avec un signe opposé.

Points de coupure

Pour connaître l'optimalité d'une trajectoire, il est bien sûr toujours possible de propager numériquement différentes trajectoires et de comparer les coûts obtenus. Mais il existe aussi des outils géométriques qui peuvent faciliter l'analyse. Ces outils sont détaillés dans plusieurs articles, livres et mémoires de thèse [9, 14, 25]. Dans ce mémoire, nous allons nous contenter de traiter un aspect particulier de la question : la recherche du point où une trajectoire optimale perd son optimalité. Un tel point se nomme *point de coupure* et l'ensemble des points de coupure pour un problème donné forme le lieu de coupure. Ce problème est global et ne possède pas de solution générale. Toutefois, il existe une méthode pour deux cas particuliers : les *points de recouvrement* et les *points conjugués*.

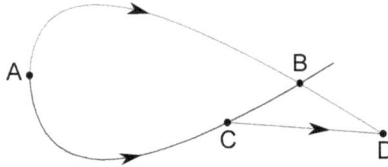

FIGURE 1.4 – Illustration du principe des points de recouvrement. Si deux trajectoires (en vert et bleu) arrivent au même point B avec la même longueur, alors elles cessent de minimiser la longueur par la suite car on peut construire une trajectoire brisée utilisant un pont (en rouge), qui sera plus courte.

Les points de recouvrement sont les points où plusieurs trajectoires optimales arrivent avec un même coût. Par exemple, dans le cas du temps-minimum, ce sont des points où des trajectoires de même durée se rejoignent. Il est possible d'associer une métrique au problème optimal considéré si la dynamique ne contient pas de dérive. Dans le cas normal, on peut alors montrer par une inégalité triangulaire que les trajectoires perdent leur optimalité après ce point. Ceci est illustré dans la Fig. 1.4. On y observe deux trajectoires reliant le point A

au point B dans un problème de minimisation de distance. Après s'être rejointes au point B, les trajectoires ne sont plus optimales. Par exemple, pour atteindre le point D, il est possible de construire une trajectoire brisée ACD qui est plus courte que la trajectoire verte AD, ce qui devient évident en appliquant une inégalité triangulaire dans le triangle BCD. Une telle situation se retrouve dans des modèles courants, tels que le contrôle d'un spin $\frac{1}{2}$, comme le montrera le chapitre suivant.

Les points conjugués sont le résultat d'une condition du second d'ordre, qui revient à comparer une trajectoire à des trajectoires voisines. Ce concept fait l'ojet du paragraphe suivant.

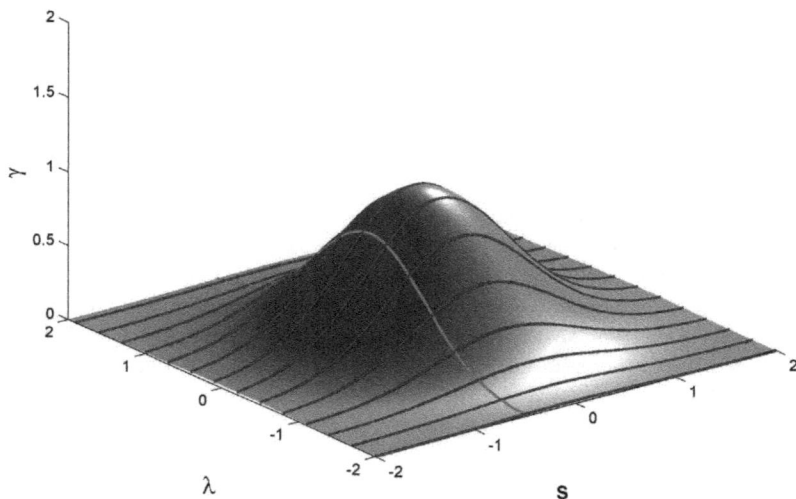

FIGURE 1.5 – Dans le cas d'un champ de Jacobi scalaire, la famille de trajectoires (en bleu) dessine une surface à deux dimensions. Le champ de Jacobi correspond alors à la dérivée de cette surface selon la direction de la coordonnée λ (en rouge). Plus cette dérivée est grande, plus les trajectoires s'éloignent les une des autres, et vice-versa.

1.1.7   Condition du second ordre : les points conjugués

Introduction

Lorsque la dimension du problème est trop grande pour réaliser une synthèse optimale, on peut utiliser les points conjugués [22, 26] pour déterminer le point où la trajectoire perd son optimalité. Pour définir les points conjugués, nous avons besoin d'introduire les *champs de Jacobi*. Pour cela, considérons un ensemble de trajectoires optimales $\gamma_\lambda(s)$ qui forment une famille paramétrée continument par λ. La position sur chaque trajectoire est décrite par une coordonnée curviligne s. Considérons une trajectoire de cette famille : γ_{λ_0}. Nous pouvons alors définir le champ de Jacobi :

$$\delta\gamma(s) = \left.\frac{\partial\gamma_\lambda(s)}{\partial\lambda}\right|_{\lambda=\lambda_0} \tag{1.20}$$

Dans une famille de trajectoires, un champ de Jacobi est donc une mesure de la différence de comportement entre une trajectoire et ses voisines. Cette propriété est illustrée pour un champ de Jacobi scalaire sur la Fig. 1.5. Deux points d'une trajectoire γ_{λ_0} sont dits *conjugués* s'il existe un champ de Jacobi non nul qui s'annule en ces deux points. Le temps t_c correspondant au point conjugué est nommé *temps conjugué*. Dans un problème de contrôle optimal, les familles de trajectoires sont définies par des trajectoires partant du même point initial mais avec des moments initiaux différents.

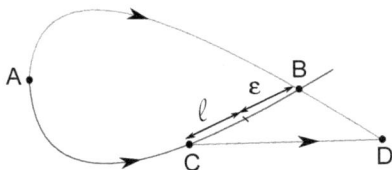

FIGURE 1.6 – Illustration du principe des points des points conjugués. Une trajectoire (en vert) cesse de minimiser la longueur après le premier point conjugué car on peut construire une trajectoire brisée plus courte en utilisant un pont (en rouge) et une autre trajectoire de la même famille (en bleu).

Dans le cadre d'un problème de minimisation de distance, nous pouvons comprendre que le premier point conjugué d'une trajectoire (hors point initial) est effectivement un point de coupure. Pour montrer cela, nous pouvons utiliser un raisonnement similaire à celui utilisé pour les points de recouvrement. Le principe est illustré dans la Fig. 1.6. On considère une trajectoire localement minimale (en vert). Cette trajectoire appartient à une famille de trajectoires qui permet de définir le champ de Jacobi associé et de calculer le premier point conjugué (le point B de la Fig. 1.6). On considère une autre trajectoire de cette famille, qui arrive au point B en étant plus longue de $\varepsilon > 0$ que la trajectoire minimale. On construit ensuite un pont (CD) tel que la longueur $(CB) > \varepsilon$. Le but est de montrer que parmi les trajectoires de cette famille, il en existe une telle que cette construction permet d'atteindre le point D par un plus court chemin que la trajectoire verte. Par inégalité triangulaire nous savons qu'il existe $L > 0$ défini par :

$$L + (CD) = (CB) + (BD) \tag{1.21}$$

Appelons λ_1 et λ_2 les longueurs respectives des chemins $(ABD)_{\text{vert}}$ et $(ACD)_{\text{bleu,rouge}}$. Nous pouvons décomposer ces longueurs :

$$\begin{aligned}
\lambda_2 &= (AC) + (CD) \\
&= (AC) + (CB) + (BD) - L \\
&= (AB)_{\text{vert}} + \varepsilon + (BD) - L \\
&= \lambda_1 + \varepsilon - L
\end{aligned} \tag{1.22}$$

Or, par continuité, nous pouvons choisir une trajectoire suffisamment proche de la trajectoire minimale pour obtenir ε aussi petit que l'on veut, en gardant la longueur (CB) fixée. Ainsi, pour cette trajectoire $L > \varepsilon$, donc $\lambda_2 < \lambda_1$. La trajectoire verte n'est donc pas minimale.

Pour illustrer ce concept, nous allons considérer deux problèmes de contrôle optimal qui se ramènent à un problème de minimisation d'une distance sur la sphère. Le premier cas utilise une métrique riemannienne, et il est suffisamment simple pour pouvoir calculer explicitement un point conjugué. Le second cas utilise une métrique dite de Grushin, dont la complexité demande une analyse numérique, mais qui a l'intérêt d'intervenir dans des problèmes de contrôle quantique de basse dimension [18, 27].

Métrique de Riemann

On se place en coordonnées sphériques :

$$\begin{aligned}
x &= \sin\theta \, \cos\phi \\
y &= \sin\theta \, \sin\phi \\
z &= \cos\theta
\end{aligned} \tag{1.23}$$

Nous cherchons à décrire une particule contrôlée sur une sphère, telle que l'interaction avec les champs de contrôle produise la dynamique suivante :

$$C = -\int_0^T (u_1^2 + u_2^2)dt, \quad \begin{cases} \dot{\theta} = u_1 \\ \dot{\phi} = \frac{u_2}{\sin\theta} \end{cases} \quad \theta_0 = 0, \theta_c = \pi, \tag{1.24}$$

où u_1 et u_2 sont les deux contrôles. Ce problème revient à chercher les trajectoires pour lesquelles l'énergie dépensée est maximale tout en atteignant la cible. Intuitivement la solution est un simple Bang. En appliquant le PMP, on obtient le pseudo-hamiltonien suivant :

$$\mathcal{H} = u_1 p_\theta + \frac{u_2 p_\phi}{\sin\theta} - \frac{1}{2}(u_1^2 + u_2^2) \tag{1.25}$$

Notons que nous utilisons ici une constante $p_0 = +\frac{1}{2}$ positive. Cela revient à utiliser le principe du minimum au lieu du principe du maximum, la condition (1.5) devient alors une condition de minisation. Ce choix et le choix du coût, permettent de retrouver exactement un problème de minimisation de distance, comme expliqué par la suite. De plus, on ne considère ici que des contrôles réguliers. La condition de minimisation donne $u_1 = p_\theta$ et $u_2 = \frac{p_\phi}{\sin\theta}$, ce qui mène à l'hamiltonien minimisé :

$$H = \frac{1}{2}(p_\theta^2 + \frac{p_\phi^2}{\sin^2 \theta}) = \frac{1}{2}(\dot{\theta}^2 + \dot{\phi}^2 \sin^2 \theta). \tag{1.26}$$

Or, cet hamiltonien correspond exactement à la métrique euclidienne sur la sphère. En effet :

$$L = \int ds = \int \sqrt{dx^2 + dy^2 + dz^2} = \int \sqrt{d\theta^2 + d\phi^2 \sin^2 \theta} = \int \sqrt{\dot{\theta}^2 + \dot{\phi}^2 \sin^2 \theta} dt. \tag{1.27}$$

Ainsi, la minimisation de l'hamiltonien de ce problème correspond à la recherche des trajectoires de longueurs minimales sur la sphère. Il existe un sens physique à cette équivalence. Nous venons de montrer que ce sont les mêmes trajectoires qui maximisent l'énergie et qui minimisent la distance. Or, si l'on considère une particule qui évolue dans un potentiel 2D possédant des maxima locaux (des "collines"), alors cette particule pourra avancer en ligne droite seulement si son énergie est supérieure à tous les maxima du potentiel que la particule croise sur sa route. On minimise alors le chemin parcouru par la particule en augmentant son énergie.

Maintenant que le cadre de l'étude est défini, revenons aux points conjugués. Pour cela, considérons une famille de solutions de ce problème. Les solutions sont les trajectoires appelées géodésiques, illustrées sur la Fig. 1.7. Chaque géodésique correspond à une trajectoire particulière paramétrée par $\theta \in [0, \pi]$. L'ensemble des géodésiques forme une famille paramétrée par $\phi \in [0, 2\pi]$. Notons $\gamma_{\phi_0}(\theta)$ une de ces trajectoires, dans notre exemple les trajectoires sont paramétrisées par les coordonnées sphériques standards :

$$\gamma_\phi(\theta) : \begin{cases} x = \sin\theta \, \cos\phi \\ y = \sin\theta \, \sin\phi \\ z = \cos\theta \end{cases}, \tag{1.28}$$

Le champ de Jacobi correspondant pour la trajectoire $\phi = 0$ se calcule avec la définition de l'Eq. (1.20) :

$$\delta\gamma_{\phi_0}(\theta) = \begin{cases} \delta x = 0 \\ \delta y = \sin\theta \\ \delta z = 0 \end{cases}. \tag{1.29}$$

Ce champ s'annule aux deux pôles, qui sont donc des points conjugués pour ce problème. Dans ce cas particulier le pôle est également un point de recouvrement, puisque les trajectoires y arrivent avec la même longueur. Cependant, il est intéressant d'observer qu'un faisceau de trajectoires se recoupent au niveau du pôle. Cette structure de faisceau est typique d'un point conjugué. On la retrouve par exemple en optique, dans les courbes nommées *caustiques*. Celles-ci constituent un exemple physique directement visible d'un lieu conjugué. En effet, le trajet des rayons lumineux est solution d'un problème de minimisation de la distance. Ce phénomène est illustré dans la Fig. 1.8.

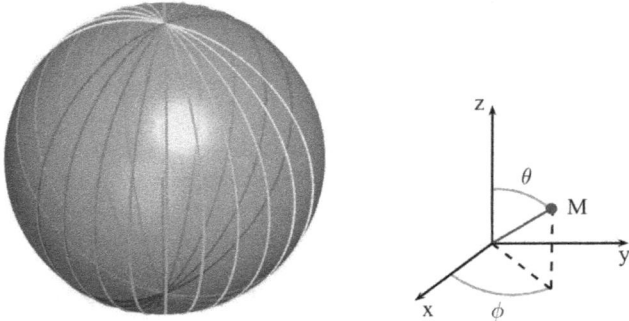

FIGURE 1.7 – Illustration du concept des points conjugués sur la sphère.

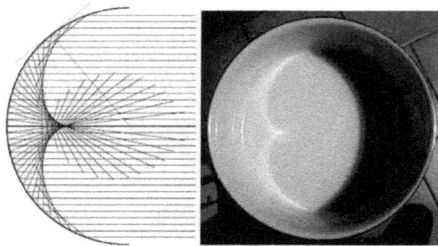

FIGURE 1.8 – Exemple physique visuel de lieu conjugué : une caustique formée par la conjonction des rayons lumineux.

Métrique de Grushin

Considérons le problème de contrôle optimal suivant :

$$C = \int_0^T dt \, , \quad \begin{cases} \dot\theta = u_1 \\ \dot\phi = -u_2 \cot\theta \end{cases} \quad \theta_0 = \frac{\pi}{4} \, , \tag{1.30}$$

où la cible n'est pas définie, le but étant de réaliser la synthèse optimale. Ce problème correspond au contrôle d'un système quantique à deux niveaux, *e.g.* un spin-$\frac{1}{2}$, en temps minimal. En appliquant le PMP on obtient le pseudo-hamiltonien :

$$\mathcal{H} = u_1 p_\theta - u_2 p_\phi \cot\theta \, . \tag{1.31}$$

Comme précédemment, on ne considère que des contrôles réguliers. La condition de maximisation donne :

$$u_1 = \frac{p_\theta}{\sqrt{p_\theta^2 + p_\phi^2 \cot^2\theta}} \quad \text{et} \quad u_2 = -\frac{p_\phi \cot\theta}{\sqrt{p_\theta^2 + p_\phi^2 \cot^2\theta}} \, , \tag{1.32}$$

ce qui produit l'hamiltonien maximisé :

$$H = \sqrt{p_\theta^2 + p_\phi^2 \cot^2\theta}. \tag{1.33}$$

Cet hamiltonien correspond à la métrique de Grushin sur la sphère :

$$L = \int_0^L ds = \int_0^L \sqrt{d\theta^2 + d\phi^2 \cot^2\theta} = \int_0^T \sqrt{\dot\theta^2 + \dot\phi^2 \cot^2\theta} dt. \tag{1.34}$$

En minimisant le temps total T on minimise donc la distance L mesurée avec cette métrique.

Dans un système hamiltonien les trajectoires sont notées $(x(t), p(t))$, on peut alors définir le champ de Jacobi : $(\delta x, \delta p)$. Notons toutefois que le point conjugué est défini pour la trajectoire de l'espace réel. Ainsi, seule la partie δx du champ de Jacobi doit s'annuler pour obtenir le point conjugué, on dit alors que le champ de Jacobi est vertical en ce point. En pratique, il n'est quasiment jamais possible d'écrire explicitement les champs de Jacobi, on se contente de les propager numériquement grâce à l'équation aux variations, appelée aussi équation de Jacobi :

$$\begin{aligned} \dot{\delta x} &= \frac{\partial^2 H}{\partial x \partial p} \delta x + \frac{\partial^2 H}{\partial p^2} \delta p \\ \dot{\delta p} &= -\frac{\partial^2 H}{\partial x^2} \delta x - \frac{\partial^2 H}{\partial x \partial p} \delta p \end{aligned} \tag{1.35}$$

où H est l'hamiltonien issu du PMP. Cette équation constitue d'ailleurs une autre façon de définir les champs de Jacobi. En effet, on peut trouver dans la littérature [24] que le champ de Jacobi est par définition une solution non-triviale de l'équation aux variations.

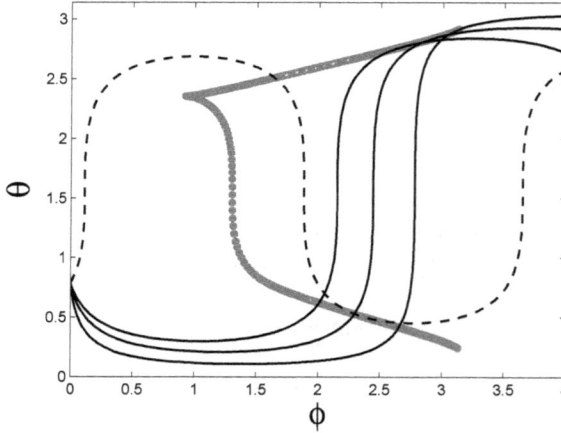

FIGURE 1.9 – Lieu conjugué (en rouge) du modèle de Grushin pour des trajectoires partant de $\theta = \pi/4, \phi = 0$ avec différentes valeurs de p_ϕ.

Il existe un certain nombre de résultats propres au contrôle optimal qui donnent des algorithmes pour obtenir les points conjugués selon le type de coût. Ces méthodes sont détaillées dans [25, 22, 23]. Nous allons présenter le principe de ces méthodes, à adapter selon le coût, les contraintes, etc. Par définition le temps t_c est un temps conjugué s'il existe un champ de Jacobi non-trivial qui soit vertical en t_0 et t_c. On considère une base des champs de Jacobi verticaux à $t = 0$:

$$(\delta x_i(0) = 0, \delta p_i(0) = e_i) \quad \text{avec} \quad (e_i)_{i \in [1,n]} \text{ base de } \mathbb{R}^n. \tag{1.36}$$

Dans notre cas $n = 2$. Il existe un champ de Jacobi vertical à la fois en t_0 et en $t_c > t_0$ si et seulement si la matrice $(\delta x_1, ..., \delta x_n)$ est de rang inférieur à n en t_c. Il suffit alors de calculer numériquement le determinant :

$$D = \det(\delta x_1, ..., \delta x_n). \tag{1.37}$$

Le point conjugué de cette trajectoire correspond à la première annulation de ce déterminant. Ceci correspond au principe des différents algorithmes. En pratique, on réduit cette condition à une condition moins lourde numériquement qui consiste à tester le rang de $(\delta x_1, ..., \delta x_{n-1})$ d'une famille de champs de Jacobi tels que $\delta x(0) = 0$ et $\delta p(0) \perp p(0)$. La dimension du problème est alors réduite de un. On peut montrer également que cela se ramène à tester l'annulation du déterminant suivant :

$$D = \det(\delta x_1, ..., \delta x_{n-1}, \dot{x}), \qquad (1.38)$$

ce qui est souvent plus intéressant numériquement que le test du rang précédent.

Revenons à notre exemple du modèle de Grushin, en utilisant la méthode décrite ci-dessus, nous obtenons le lieu conjugué présenté dans la Fig. 1.9. Cette figure présente également des exemples de trajectoires (trait plein noir et pointillés). Pour ces trajectoires, les points conjugués des trajectoires en trait plein sont dans la partie haute du lieu conjugué, le point conjugué de la trajectoire en trait pointillé dans la partie basse. On observe ainsi que les trajectoires arrivent tangentiellement au lieu conjugué, de la même façon que les rayons lumineux arrivent tangentiellement sur la caustique, dans la Fig. 1.8.

1.2 Singularités Hamiltoniennes des systèmes intégrables

1.2.1 Introduction

Tout d'abord, nous devons éclaircir les notions de globalité et localité. En effet, dans la section précédente nous utilisions les termes global et local pour qualifier la solution optimale parmi l'ensemble de toute les solutions du PMP. Dans la section présente, les notions de localité et globalité seront utilisées au sens de la géométrie différentielle : nous travaillons sur des variétés, donc localement difféomorphes à $\mathbb{R}^n$. Une grandeur définie globalement sera définie de façon univoque sur l'ensemble de la variété, contrairement à une grandeur définie seulement localement.

Cette section étudie les systèmes intégrables en mécanique classique. L'importance de ces systèmes peut se comprendre de deux manières. Tout d'abord, malgré la complexité du monde réel, ces systèmes relativement simples que sont les systèmes intégrables demeurent très présents autour de nous. Certains d'entre eux ont d'ailleurs permis de grandes avancées technologiques. Le gyroscope et le spin-$\frac{1}{2}$ en sont de bons exemples : le premier a révolutionné l'aéronautique alors que le deuxième est une brique de base de la mécanique quantique, avec entre autres applications les scanners IRM dans les hôpitaux et le stockage d'information dans les disques durs. Ensuite, les systèmes intégrables forment souvent la première approximation d'un système plus complexe, ce qui les rend utiles dans la plupart des domaines de la physique. Par exemple, il est possible de décrire le mouvement de la Terre autour du Soleil par un système intégrable, si l'on néglige les autres corps célestes.

Ainsi, il n'est pas étonnant de constater que l'origine de ce domaine date de plusieurs siècles. En effet, les premières équations écrites sur un système intégrable (qui ne portait pas encore ce nom là) sont les célèbres lois de J. Kepler (1571 - 1630) sur le mouvement des planètes. Un siècle plus tard C. Huygens formalise le mouvement du pendule [28], un autre système intégrable, et l'applique à la fabrication d'horloges qui étaient les plus précises de son temps. Mais il fallut attendre le début du 19ème siècle pour assister à la reformulation de la mécanique classique par W. R. Hamilton et C. G. J. Jacobi, ce qui permit à J. Liouville de développer la base du formalisme moderne des systèmes intégrables. Dans une note de 1855

[4], il montre que pour un système hamiltonien avec n degrés de liberté, la connaissance de n constantes du mouvement implique la nature quasi-périodique des solutions et l'intégrabilité par quadrature sous certaines conditions. Un tel système est dès lors qualifié d'*intégrable au sens de Liouville*.

La structure de l'espace n'était pas encore claire à l'époque. C'est le théorème d'existence des variables action-angle, dit théorème d'Arnold-Liouville qui établit le fait que l'espace des phases d'un système intégrable est structuré par des tores sur lesquels s'enroulent les trajectoires. Ce théorème fut démontré par V. I. Arnold en 1963 [29], mais celui-ci en donnait le crédit à Liouville. Pourtant, la première démonstration de ce théorème a été effectuée par H. Mineur en 1935, ses articles [30, 31] ont été ensuite oubliés par la communauté, qui ne les a redécouverts que récemment. Quelques années plus tard, une autre percée mathématique est faite dans le domaine par N. Nekhoroshev et (séparément) J. J. Duistermaat [32, 5]. Ils étudient les obstructions à la définition de variables action-angle globales, les précédentes études étant jusque là locales. Leurs résultats donnent naissance à la monodromie hamiltonienne qui est l'un des sujets d'étude de cette thèse. Les recherches mathématiques dans les systèmes hamiltoniens intégrables ont ensuite continué à se développer jusqu'à aujourd'hui [33, 34, 35]. Par contre, le transfert de ces nouveaux résultats vers la physique fut plutôt lent. Il a fallu attendre 20 ans pour que les travaux de Duistermaat soient appliqués en physique, et 10 ans de plus pour qu'ils atteignent l'optique non-linéaire.

Dans la suite de cette section, nous allons d'abord présenter quelques rappels sur les systèmes intégrables, ensuite nous introduirons brièvement la théorie de la réduction singulière, enfin nous donnerons quelques résultats de monodromie hamiltonienne [36, 33].

1.2.2 Les équations de Hamilton

La dynamique d'un système hamiltonien est décrite, par définition, par les équations de Hamilton que l'on peut écrire localement sous la forme :

$$\dot{x} = \frac{\partial H}{\partial p} \quad \text{et} \quad \dot{p} = -\frac{\partial H}{\partial x} \tag{1.39}$$

où $x \in \mathbb{R}^n$ est l'état d'un système à n degrés de liberté et $p \in \mathbb{R}^n$ son moment conjugué. L'hamiltonien $H(x,p)$ contient ainsi toute la dynamique du système. Notons que cette forme des équations n'est valable que si les coordonnées (x,p) sont localement définies sur la variété constituée par l'espace des phases. Dans certain cas il est intéressant de considérer un plongement de cette variété dans un espace plus grand. Pour écrire les équations de Hamilton dans ce nouvel espace, nous avons besoin d'introduire les crochets de Poisson qui sont définis localement sur la variété :

$$\{g_1, g_2\} = \sum_i \frac{\partial g_1}{\partial x_i} \frac{\partial g_2}{\partial p_i} - \frac{\partial g_1}{\partial p_i} \frac{\partial g_2}{\partial x_i}. \tag{1.40}$$

On peut alors réécrire les équations de Hamilton :

$$\dot{x} = \{x, H\} \quad \text{et} \quad \dot{p} = \{p, H\} \tag{1.41}$$

Ces crochets de Poisson peuvent être calculés pour des variables dans l'espace dans lequel on fait le plongement à partir des variables locales. La nouvelle forme des équation de Hamilton est alors donnée par l'équation (1.41). Un exemple d'un tel plongement sera donné en détail dans le chapitre 3. Les crochets de Poisson permettent également de caractériser les constantes du mouvement :

$$\dot{K} = 0 \quad \Leftrightarrow \quad \{K, H\} = 0 \tag{1.42}$$

On dit alors que K *Poisson-commute* avec H, ou bien de façon équivalente : K est invariant sous le flot de H.

1.2.3 Les variables action-angle et les tores

Un système Hamiltonien qui possède autant de constantes du mouvement que de degrés de liberté est intégrable au sens de Liouville. Le théorème d'Arnold-Mineur-Liouville, en général appelé théorème d'Arnold-Liouville, donne un critère pour déterminer si un système est intégrable. La première version, mise au point par Liouville, se concentre sur l'intégrabilité :

Théorème de Liouville : Un système dynamique à n degrés de liberté est intégrable si et seulement si ce système possède n constantes du mouvement K_i en involution.

Le fait qu'elles soient en involution signifie qu'elles Poisson-commutent entre-elles. Autrement dit, pour tout (i, j), la grandeur K_i est constante le long du flot de K_j. La version d'Arnold complète cet énoncé en affirmant l'existence locale des variables action-angle :

Théorème de d'Arnold-Liouville : On suppose l'existence des n constantes du mouvement en involution $(K_1, ...K_n)$ et on appelle *application énergie-moment* :

$$\mathcal{EM} : (q, p) \mapsto (K_1, ...K_n) \tag{1.43}$$

Si $(\tilde{K}_1, ..., \tilde{K}_n)$ est une valeur régulière [3] de $\mathcal{EM}$ telle que l'image E_{im} de $\mathcal{EM}^{-1}(\tilde{K}_1, ..., \tilde{K}_n)$ est un compact, alors E_{im} est difféomorphe à un tore T^n. De plus, si on note (ϕ_i, I_i) les coordonnées canoniques locales [4] sur ce tore, alors les actions I_i sont des constantes du mouvement.

Notons que le tore auquel fait référence ce théorème est un tore régulier, comme celui de la Fig. 1.10 (a). La définition du tore utilisée ici est celle de la topologie : un tore T^n est le produit cartésien de n cercles unité. Si l'on relaxe l'hypothèse de régularité de $(\tilde{K}_1, ..., \tilde{K}_n)$, alors les structures qui apparaissent ne sont plus des tores réguliers, comme nous le verrons plus loin.

Nous allons maintenant caractériser ces variables angle-action. Pour cela, dans toute la

---

3. Régulière au sens de la géométrie différentielle : la forme différentielle $d\mathcal{EM}$ est de rang n.
4. (q, p) sont canoniques si et seulement si la forme symplectique prend la forme $\omega = dq \wedge dp$.

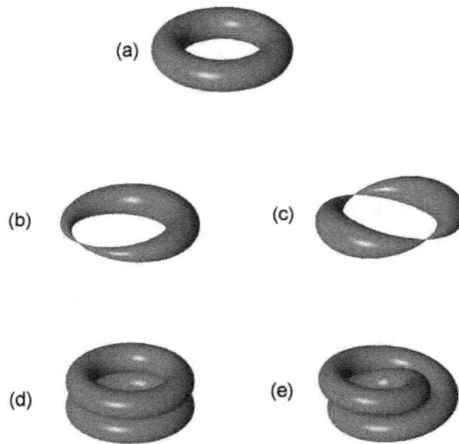

FIGURE 1.10 – Exemples de tores de dimension deux (tores T^2) plongés dans un espace de dimension 3. Ces tores illustrent les tores singuliers que l'on peut trouver dans un espace des phases de dimension 4. Un tore régulier (a) est la structure qui émerge du théorème d'Arnold-Liouville. Les tores singuliers comme le tore simplement pincé (b) ou doublement pincé (c), le bitore (d) et le tore enroulé (e) sont des structures de l'espace des phases qui correspondent aux valeurs non régulières de l'application énergie-moment.

suite nous nous restreindrons au cas $n = 2$ (espace des phases de dimension 4), qui permet une illustration plus visuelle des concepts exposés. Considérons un tel système intégrable, supposons de plus qu'il est conservatif. Dans ce cas l'hamiltonien est une constante du mouvement, et le théorème précédent nous dit qu'il en existe au moins une seconde, que nous nommerons K, telle que $\{H, K\} = 0$. L'espace des phases est décrit par les variables conjuguées (q_i, p_i). Il nous suffit ensuite de trouver un changement de variable tel que les nouveaux moments s'écrivent en fonction des constantes du mouvement : $P_i(H, K)$. Le système dynamique aura alors la forme :

$$\dot{P}_i = 0$$
$$\dot{Q}_i = \frac{\partial H}{\partial P_i} = \omega_i(H, K) \tag{1.44}$$

Notons que les nouvelles variables P_i possèdent donc la dimension d'une énergie divisée par une pulsation, ce qui correspond à la dimension d'une action.

FIGURE 1.11 – Illustration d'une base possible (γ_1, γ_2) des cycles sur un tore T^2.

Pour aller plus loin nous devons introduire la notion de *cycle*. Considérons un tore T^2 plongé dans l'espace des phases de dimension 4, sur lequel se déroule la dynamique. Sur ce tore, un cycle est un parcours fermé que l'on ne peut réduire à un point par une déformation continue. Deux cycles sont équivalents s'il est possible de passer du premier au second par une déformation continue. Pour un tore T^2, l'ensemble des cycles non-équivalents forment un groupe abélien libre[5] dont une base est représentée dans la Fig. 1.11. La loi interne de ce groupe est la concaténation de deux cycles, *i.e.* on parcourt chacun des deux cycles une fois.

Considérons (γ_1, γ_2) la base des cycles générée par les flots de (I_1, I_2). Ce sont les cycles représentés dans la Fig. 1.11. Par définition l'action I_1 est constante sur le cycle γ_1 et ce cycle peut être paramétrisé par l'angle ϕ_1. Nous avons alors :

$$\oint_{\gamma_1} I_1 d\phi_1 = \int_0^{2\pi} I_1 d\phi_1 = 2\pi I_1. \tag{1.45}$$

---

5. Un groupe abélien est un groupe dont la loi interne est commutative. Il est libre s'il possède une base, i.e. une partie B telle que tout élément du groupe s'écrive comme combinaison linéaire à coefficients entiers d'un nombre fini d'éléments de B.

Ce qui mène directement à :

$$I_1 = \frac{1}{2\pi} \oint_{\gamma_1} I_1 d\phi_1. \tag{1.46}$$

Comme ϕ_2 ne varie pas sur ce chemin nous avons $\oint_{\gamma_1} I_2 d\phi_2 = 0$, ce qui permet d'écrire :

$$I_1 = \frac{1}{2\pi} \oint_{\gamma_1} \sum_k I_k d\phi_k. \tag{1.47}$$

Puis, avec la formule de Stokes :

$$I_1 = \frac{1}{2\pi} \iint_{S_1} \sum_k dI_k d\phi_k, \tag{1.48}$$

où S_1 est une surface dont le bord est le cycle γ_1. Or, les grandeurs $\iint_{S_1} dI_k d\phi_k$ sont des invariants canoniques de Poincaré, donc :

$$I_1 = \frac{1}{2\pi} \iint_{S_1} \sum_k dp_k dq_k. \tag{1.49}$$

Ce qui permet finalement de définir les actions à partir des coordonnées de départ :

$$I_i = \frac{1}{2\pi} \oint_{\gamma_i} (p_1 dq_1 + p_2 dq_2). \tag{1.50}$$

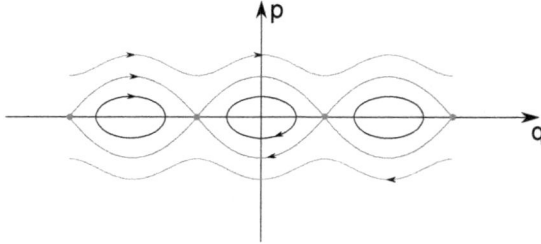

FIGURE 1.12 – Représentation schématique de l'espace des phases du pendule à une dimension. On y observe trois types de trajectoires : les trajectoires cycliques (en noir), les trajectoires ouvertes (en vert) et la séparatrice entre les deux zones (en rouge).

1.2.4 Les tores singuliers

Jusqu'ici, nous avons traité le cas régulier du théorème d'Arnold-Liouville. Si l'application énergie-moment n'est pas régulière au point (H, K) considéré, alors ce point se relève dans l'espace des phases sur une structure qui n'est pas un tore régulier. Cela peut-être par exemple un point, un cercle ou un tore singulier. Des exemples de tores singuliers sont présentés dans le Fig. 1.10. Cette figure présente en (b) et (c) un tore pincé et un tore doublement pincé. Ce type de tore correspond à un tore régulier dont un des rayons devient nul sur le "pincement". En (d) nous avons un bitore qui correspond à deux tores réguliers collés l'un à l'autre le long d'un cercle. En (e) nous avons un tore enroulé. On peut le voir comme un tore régulier enroulé sur lui-même, mais il faut garder à l'esprit qu'il s'appuie sur un cercle de recollement, comme le bitore. Pour le visualiser plus facilement on peut considérer un bitore que l'on aurait sectionné, tordu puis recollé. Ce faisant, le cercle de recollement du bitore reste intact mais les deux tores réguliers qui le composaient sont réunis en un seul tore enroulé, deux fois plus long. Ces tores sont les principaux tores singuliers d'un espace des phases de dimension 4. On peut obtenir les autres en composant ces principes. Par exemple, dans le chapitre 4 nous verrons un bitore enroulé.

Par abus de langage, nous appellerons parfois tore singulier toutes les structures singulières de l'espace des phases, notamment les cercles, points et sphères.

Ces tores singuliers jouent un rôle prépondérant dans la caractérisation des trajectoires de l'espace des phases. En effet, ce sont les seules structures qui possèdent des trajectoires de périodes infinies. Ils correspondent à la généralisation des séparatrices présentes dans les systèmes à un degré de liberté. On peut voir un exemple de séparatrice dans la Fig. 1.12. Ces trajectoires tiennent leur nom du fait qu'elles séparent l'espace des phases entre les zones contenant des trajectoires fermées et les zones de trajectoires ouvertes. Le lecteur doit être prudent à ce sujet, car on peut trouver dans la littérature physique l'affirmation que toutes les valeurs singulières mènent à des trajectoires qui séparent l'espace des phases de cette manière, quelque soit la dimension. Or, si les tores singuliers sont bien des généralisations des séparatrices, ils ne délimitent pas forcément des zones de l'espace des phases contenant différents types de trajectoires. La propriété fondamentale des séparatrices, que les tores singuliers possèdent, c'est la période des trajectoires qu'elles portent. On observe dans la Fig. 1.12 que les séparatrices relient des points fixes (réprésentés en rouge), on en déduit que la période de cette trajectoire est infinie. De même, les tores singuliers possèdent des points fixes pour au moins une partie des degrés de liberté du système, et les trajectoires sur ces tores qui relient ces points entre-eux ne peuvent osciller, *i.e.* la période est infinie. Plus précisément, les parties singulières des tores, *e.g.* pincements ou lignes de recollement, correspondent à des points ou les 1-formes dH et dK sont colinéaires. Il est toujours possible d'introduire les variables (x_1, x_2, J) *via* une transformation canonique telle que le système est décrit par les variables (x_1, x_2, K, J) avec K et J les moments conjugués respectifs de x_1 et x_2. Nous avons :

$$dH = \frac{\partial H}{\partial x_1}dx_1 + \frac{\partial H}{\partial x_2}dx_2 + \frac{\partial H}{\partial K}dK + \frac{\partial H}{\partial J}dJ$$
$$dK = dK \qquad\qquad\qquad\qquad\qquad\qquad\qquad\qquad \text{(1.51)}$$

Il vient donc immédiatement que la colinéarité de dH et dK entraine $\frac{\partial H}{\partial J} = 0$ et donc $\dot{x_2} = 0$. Ainsi, on peut trouver une transformation canonique qui introduit des variables telles que, sur la partie singulière d'un tore singulier, au moins un des degrés de liberté est constant.

Ceci est valable pour tous les tores singuliers : tore pincé, tore enroulé, bitore, etc. La période associée aux trajectoires qui passent par ces points est infinie. En conclusion, tous les tores singuliers incluent des trajectoires de période infinie, mais cela ne veut pas dire que toutes les trajectoires sur les tores singuliers sont de ce type là. Cette dernière propriété est valable uniquement pour les tores pincés. En effet, sur les tores pincés toutes les trajectoires sont obligées de passer par le pincement et donc toutes les trajectoires sont de période infinie. Ce phénomène est illustré dans la Fig. 1.13.

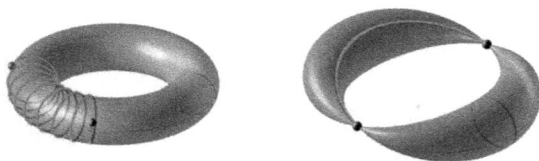

FIGURE 1.13 – Exemples de trajectoires sur les tores. Une trajectoire oscillante s'enroule sur un tore régulier. Une trajectoire non-oscillante relie les pincements d'un tore singulier.

Il est souvent utile d'avoir une vue globale de la répartition des valeurs singulières de l'application énergie-moment. Pour cela nous définissons le *diagramme énergie-moment* dont les deux axes correspondent aux valeurs de K et H. Chaque point de ce diagramme correspond à un tore de l'espace des phases complet. On peut ainsi repérer aisément la position des tores singuliers dans l'espace (H, K). Un exemple d'un tel diagramme pour le pendule sphérique est présenté dans la Fig. 1.14. On observe une singularité isolée en rouge qui correspond à un tore singulier. La zone grise correspond aux valeurs régulières.

Un tel diagramme ne donne pas la nature du tore singulier (pincé, enroulé, etc ...) pour obtenir cette nature il faut passer par une réduction singulière qui fait l'objet de la section suivante. En pratique il n'est pas toujours intéressant de faire toute la réduction. Parfois la position des tores singuliers dans le diagramme énergie-moment est plus intéressante que la nature des singularités. Dans ce cas là, il est possible de construire le diagramme énergie-moment sans passer par la réduction. En effet, les points singuliers de l'espace des phases, *i.e.* les pincements et lignes de recollement inclus dans les tores singuliers, correspondent par définition aux points critiques de l'application énergie-moment. En calculant ceux-ci il est possible d'obtenir la position des tores singuliers dans le diagramme sans connaître leur nature. Concrètement il faut donc chercher les points pour lesquels les 1-formes dH et dK ne sont pas linéairement indépendantes. Dans un espace des phases de dimension 4 cela revient donc à obtenir les valeurs de H et K telles que la matrice :

$$\begin{pmatrix} \frac{\partial H}{\partial x_1} & 0 \\ \frac{\partial H}{\partial x_2} & 0 \\ \frac{\partial H}{\partial K} & 1 \\ \frac{\partial H}{\partial J} & 0 \end{pmatrix} , \qquad (1.52)$$

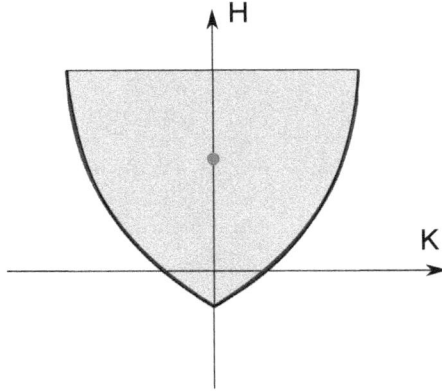

FIGURE 1.14 – Représentation schématique du diagramme énergie-moment du pendule sphérique. Ce système contient un tore singulier, qui généralise la séparatrice du pendule à une dimension.

soit de rang 1. Cette chute de rang peut facilement être étudiée numériquement.

1.2.5 Brève introduction à la réduction singulière

Réduction

La réduction singulière peut être abordée comme un simple changement de variables qui utilise une constante du mouvement pour réduire la dimension du problème. Le nouvel espace des phases ainsi obtenu s'appelle l'*espace des phases réduit*. Une introduction mathématique rigoureuse de ce procédé peut se trouver dans [33].

Considérons un système hamiltonien intégrable avec 2 degrés de liberté, donc un espace des phases de dimension 4. On note $H(q, p)$ et $K(q, p)$, l'hamiltonien et la constante du mouvement. Grâce au formalisme action-angle nous savons qu'il est formellement possible de trouver un changement de variable tel que la dynamique soit réduite à une combinaison de trajectoires circulaires. Le but est d'obtenir une dynamique réduite dans laquelle une de ces trajectoires circulaires a été enlevée. Plus précisément, considérons les coordonnées (ϕ_1, ϕ_2, K, J) telles que ϕ_1 et ϕ_2 soient les angles conjugués des actions K et J. Le champ de vecteur sur lequel repose le flot de H s'écrit dans ces coordonnées :

$$X_H = \frac{\partial H}{\partial K} \partial_{\phi_1} - \frac{\partial H}{\partial \phi_1} \partial_K + \frac{\partial H}{\partial J} \partial_{\phi_2} - \frac{\partial H}{\partial \phi_2} \partial_J \quad , \tag{1.53}$$

où les (∂_i) sont une base de l'espace tangent. Or, par construction, l'hamiltonien ne dépend pas des angles ϕ_1 et ϕ_2, ce qui mène à :

$$X_H = \omega_1 \partial_{\phi_1} + \omega_2 \partial_{\phi_2} \quad , \tag{1.54}$$

où ω_i sont les pulsations associées aux angles ϕ_i. Or, ∂_{ϕ_1} et ∂_{ϕ_2} sont respectivement les vecteurs sur lesquels reposent les flots de K et J. Cette décomposition du vecteur X_H met en évidence le fait que la trajectoire est bien le résultat des influences distinctes des deux actions, et qu'il devrait donc être possible de travailler dans un sous-espace de l'espace des phases où ces influences sont découplées. La réduction singulière consiste à mettre en évidence un tel sous-espace, qui est alors appelé espace des phases réduit. En général la forme de la constante du mouvement K est bien plus simple que celle de H ce qui incite à faire la réduction par rapport à K. Le sous-espace ainsi obtenu ne contient plus l'influence de K sur la dynamique.

C'est pourquoi nos nouvelles coordonnées qui décrivent la dynamique dans l'espace des phases réduit doivent être invariantes sous le flot de K. Nous introduisons dans ce but les *polynômes invariants* que nous noterons $(\pi_0, \pi_1, \pi_2, \pi_3)$. Ces variables n'ont pas de raison d'être en général des polynômes, mais comme nous considérerons par la suite uniquement des systèmes résonants, ce seront toujours des polynômes dans ce mémoire. Par construction, ces polynômes sont invariants sous la dynamique de K :

$$\dot{\pi}_i = \{\pi_i, K\} = 0. \tag{1.55}$$

Ce système dynamique n'est pas celui de départ, c'est seulement l'expression de l'influence de K sur le système étudié. Pour obtenir l'expression des polynômes invariants, le plus simple consiste à détailler l'équation (1.55). Celle-ci est en général suffisamment simple pour que les constantes du mouvement soient évidentes. L'une d'entre elles est bien-sûr K lui-même, que l'on note souvent π_0.

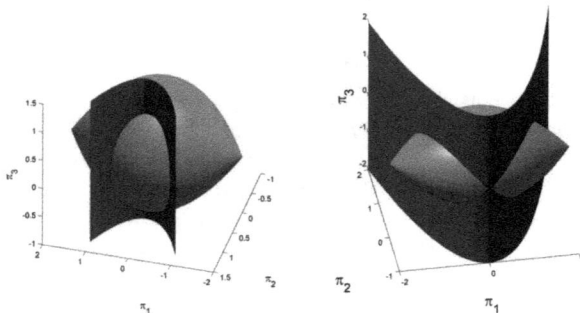

FIGURE 1.15 – Deux exemples d'intersection entre les surfaces définies par l'espace des phases réduit (en rouge) et l'hamiltonien (en bleu), à (H, K) constant. Ces exemples sont tirés de l'étude de systèmes en optique non-linéaire, cf. Chapitre 3.

On peut montrer [33] que ces polynômes invariants sont reliés entre eux par une relation polynomiale :

$$P_1(\pi_0, \pi_1, \pi_2, \pi_3) = 0, \tag{1.56}$$

où P_1 est un polynôme. Cette relation définit un espace des phases réduit de dimension 3 plongé dans l'espace des phases de départ. De plus, on peut également montrer [33] que sous certaines conditions les polynômes invariants choisis forment une base de l'algèbre des polynômes invariants. Or, dans la plupart des cas l'hamiltonien H est lui aussi un polynôme. Comme il Poisson-commute avec K, il est également un polynôme invariant sous le flot de K. On peut donc exprimer l'hamiltonien en fonction des polynômes invariants :

$$H = P_2(\pi_0, \pi_1, \pi_2, \pi_3). \tag{1.57}$$

Pour étudier la nature d'un tore précis, on fixe le couple (H, K) qui définit ce tore. Les deux équations (1.56) et (1.57) décrivent alors deux surfaces à deux dimensions à l'intersection desquels se trouve la dynamique réduite qui correspond au tore étudié. Il suffit ensuite de tracer ces deux surfaces pour connaître la nature du tore. En effet, si l'intersection est difféomorphe à un cercle, alors le tore est régulier, puisque le produit cartésien de ce cercle avec celui produit par le flot de K donne un tore régulier. C'est typiquement le cas dans l'exemple présenté dans la Fig. 1.15 à gauche. Il se peut également que l'intersection soit un cercle pincé, donc homéomorphe à un cercle mais pas difféomorphe. Un exemple d'une telle situation est donné par la Fig. 1.16. Dans ce cas, chaque point régulier de l'intersection se relève encore, *via* le flot de K, sur un cercle dans l'espace des phases complet. Par contre, pour les points non-dérivables de l'espace des phases réduit, le flot de K est réduit à un point. Ils se relèvent donc sur des points dans l'espace des phases complet, formant ainsi les pincements des tores pincés, comme le montre la Fig. 1.16. De la même façon, si l'intersection est un huit comme dans l'exemple de la Fig. 1.15 à droite, alors le tore correspondant est un bitore.

Il est intéressant de remarquer que cette étude, en plus de donner la nature du tore singulier, permet souvent d'obtenir analytiquement les équations des bordures du diagramme énergie-moment. Ceci n'est pas toujours possible en se limitant à l'étude des points critiques de l'application énergie-moment.

1.2.6 Monodromie hamiltonienne

Les variables action-angle introduites par le théorème d'Arnold-Liouville ne sont bien définies que localement. Il est naturel de se demander dans quelles conditions nous pourrions les définir globalement. Un élément de réponse à cette question a été apporté par N. Nekhoroshev et J. J. Duistermaat [32, 5]. Ils ont montré qu'une obstruction à l'existence de variables action-angle globales peut être décrite grâce à la notion de monodromie. Dit simplement, la monodromie étudie le comportement d'une grandeur lorsqu'elle parcourt une boucle dans un certain espace.

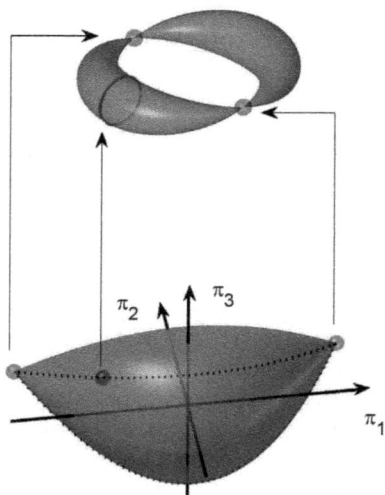

FIGURE 1.16 – Illustration de la relation entre l'espace des phases réduit (en bas) et le tore dans l'espace des phases complet. L'intersection entre l'espace des phases réduit et la surface hamiltonienne est représentée en pointillés. Les points dérivables de l'espace des phases réduit se relèvent, *via* le flot de K, sur des cercles dans l'espace des phases complet. Ils forment ainsi la partie régulière du tore singulier. Les points non-dérivables se relèvent sur des points, en formant ainsi les pincements du tore. Cet exemple provient de l'étude de la fibre optique isotrope réalisée dans le chapitre 3.

Dans le cas de la monodromie hamiltonienne, cet espace est l'image de l'espace des phases par l'application énergie-moment, *i.e.* l'espace (H, K) représenté dans le diagramme énergie-moment. Dans cet espace, nous effectuons une boucle le long de laquelle nous suivons la déformation continue d'une base des cycles d'un tore (γ_1^i, γ_2^i). Après avoir parcouru cette boucle nous observons les cycles obtenus (γ_1^f, γ_2^f), la matrice de monodromie M décrit l'évolution des cycles :

$$\begin{pmatrix} \gamma_1^f \\ \gamma_2^f \end{pmatrix} = M \begin{pmatrix} \gamma_1^i \\ \gamma_2^i \end{pmatrix}. \tag{1.58}$$

S'il existe un parcours fermé dans l'espace (H, K) tel que cette matrice n'est pas l'identité, alors la monodromie est non-triviale et il ne peut exister de variables action-angle globales. Ceci est directement lié à la présence des singularités. Par exemple, une boucle qui entoure une singularité isolée va produire une matrice de monodromie différente de l'identité.

FIGURE 1.17 – Illustration de l'angle de rotation Θ sur un tore régulier. Les flots de K et H apparaissent respectivement en vert et bleu. Le flot de H recoupe celui de K au bout d'un temps T, définissant ainsi l'angle de rotation Θ.

La base des cycles présentée dans la Fig. 1.11 est générée par les flots des actions (I_1, I_2) qui définissent le tore. Il est donc naturel qu'un effet s'appliquant sur les cycles puissent également se décrire en terme d'effet sur les angles associés (ϕ_1, ϕ_2) à ces actions. Revenons à un tore régulier défini par (H, K). Supposons que K est une variable action, dont l'angle associé est θ. Son flot engendre un des cycles de la Fig. 1.11, choisissons γ_2 pour illustrer le processus sur la Fig. 1.17. En général, l'hamiltonien H n'est pas une variable action et son flot ne va donc pas engendrer directement γ_1. En effet, au bout d'un tour sur le tore, le flot se sera décalé d'un angle $\Theta = \theta(T) - \theta(0)$ mesuré selon la direction du flot de K, comme le montre la Fig. 1.17. Le temps T requis par le flot de H pour recouper le flot de K se nomme le *temps de premier retour*, l'angle Θ se nomme l'*angle de rotation*. Ces deux grandeurs ne dépendent que des valeurs de H et K. Elles permettent de définir les champs de vecteurs :

$$\begin{aligned} X_1 &= \frac{2\pi}{\dot\theta} X_K \\ X_2 &= -\frac{\Theta}{\dot\theta} X_K + T X_H \end{aligned}, \tag{1.59}$$

où $\dot\theta = \omega_K$ la pulsation associée au flot de K. Ces champs de vecteurs génèrent des flots périodiques par construction. Ils engendrent une base des cycles que l'on note (β_1, β_2). L'influence de la monodromie sur cette base peut alors directement être traduite en influence sur Θ. Par exemple, si la matrice de monodromie prend la forme :

$$M = \begin{pmatrix} 1 & 0 \\ -1 & 1 \end{pmatrix} \qquad (1.60)$$

alors, après avoir effectué une boucle dans l'espace (H, K) topologiquement équivalente à la boucle utilisée pour calculer cette matrice, l'angle de rotation subit un décalage de $\Delta\Theta = \Theta_f - \Theta_i = 2\pi$. Par exemple, la forme de la matrice dans l'équation (1.60) peut être obtenue sur un parcours qui entoure la singularité de la Fig. 1.14. Cette singularité correspond en l'occurence à un tore pincé. Cela signifie que tout parcours entourant cette singularité produira le même décalage de 2π. De même, tout parcours n'entourant pas la singularité produit une matrice identité et donc $\Delta\Theta = 0$. La robustesse de cet effet est une conséquence de sa nature topologique.

De façon générale, si la matrice de monodromie est l'identité, on dit que la monodromie est triviale, ce qui est équivalent à $\Delta\Theta = 0$. A l'opposé, si la matrice de monodromie n'est pas l'identité, alors la monodromie est non-triviale, ce qui est équivalent à $\Delta\Theta \neq 0$. Historiquement, la monodromie a d'abord été mesurée sur des systèmes possédant des singularités isolées. Dans ce cas $\Delta\Theta$ est un multiple de 2π et les coefficients de la matrice sont dans $\mathbb{Z}$, on parle alors de monodromie standard. Ensuite, ceci a été généralisé à des systèmes possédant des ensembles continus de singularités. Dans ce cas $\Delta\Theta$ peut être une fraction de 2π et les coefficients de la matrice appartiennent à $\mathbb{Q}$. On parle alors de monodromie généralisée.

Plus de détails sur la monodromie hamiltonienne, incluant des exemples physiques, sont donnés dans le chapitre 4.

Chapitre 2

Contrôle quantique

2.1 Le contrôle quantique

L E contrôle quantique [20, 37] est une discipline qui vise à contrôler l'état de systèmes quantiques *via* un paramètre externe, *e.g.* un champ électromagnétique appliqué au système. Les premières expériences de contrôle quantique remontent à la naissance de la mécanique quantique, au début du siècle dernier. A cette époque le contrôle n'était pas un but en soi, mais un moyen de mettre en évidence des effets fondamentaux. C'était par exemple le cas dans l'expérience de O. Stern et W. Gerlach en 1922. Ils appliquaient un champ magnétique à des atomes d'argent, ce qui a permis la découverte du spin. Le contrôle des systèmes quantiques s'est ensuite développé avec le raffinement des modèles et la mise au point de nouvelles technologies. Parmi celles-ci, les premières à révolutionner le domaine du contrôle quantique furent le contrôle de spin par résonance magnétique nucléaire (RMN) de Felix Bloch et Edward Mills Purcell en 1946, et la première réalisation expérimentale du laser au début des années 60. Dès les années 70, le laser a été appliqué au contrôle de molécules en phase gazeuse, originellement dans le but de casser sélectivement certaines liaisons moléculaires. Des avancées théoriques importantes ont eu lieu dans les années 80, notamment quand D.J. Tannor, H. Rabitz et leurs collaborateurs [2, 3] ont appliqué au contrôle quantique les outils mathématiques de la théorie du contrôle optimal.

De nos jours, le contrôle quantique est une discipline très vaste, incluant le contrôle par laser de la dynamique de molécules en phase gazeuse, la résonance magnétique nucléaire (RMN), les jonctions Josephson dans les supraconducteurs, le contrôle de photons en cavité, le contrôle des ensembles de spins dans les ferromagnétiques, etc. Ces domaines possèdent eux-mêmes de nombreuses applications, allant de l'information quantique à l'imagerie par résonance magnétique, en passant par le contrôle des réactions chimiques.

Dans ce manuscrit, nous allons nous concentrer sur la RMN, avec une brève excursion dans le contrôle moléculaire, en utilisant le contrôle optimal géométrique comme méthode de contrôle. Nous commencerons par présenter la physique d'un système de RMN. Ensuite nous traiterons trois problèmes de contrôle : l'inversion simultanée de deux spins, la synthèse optimale avec un terme non-linéaire, dit *radiation-damping*, et le problème du point fixe dynamique en imagerie par résonance magnétique (IRM). Enfin, nous revisiterons le proces-

31

sus de contrôle moléculaire STIRAP en faisant la synthèse des outils du contrôle optimal géométrique et des singularités hamiltoniennes.

2.2 Introduction à la résonance magnétique nucléaire

2.2.1 De la découverte du spin au scanner IRM

La RMN [38, 39] est basée sur l'existence et la compréhension d'une propriété des particules élémentaires : le spin. Cette propriété purement quantique a été mise en évidence pour la première fois par l'expérience de Otto Stern et Walther Gerlach en 1922. Ils envoyaient un jet d'atomes d'argent dans un champ magnétique intense et observaient que le jet se scindait en deux faisceaux distincts, selon l'état de spin de chaque atome ($\pm\frac{1}{2}$). La description théorique du spin fut introduite quelques années plus tard par Paul Dirac. Un grand nombre d'applications et d'avancées théoriques découlent de cette découverte. L'une d'entre elles est l'effet de résonance magnétique nucléaire, découvert par Isidor Isaac Rabi en 1936, sur une expérience proche de celle de Stern et Gerlach. Dix ans plus tard, Felix Bloch et Edward Mills Purcell réalisent simultanément et indépendamment les premières mesures RMN par induction magnétique. Les appareils de RMN modernes fonctionnent encore sur ce procédé. La même année Bloch introduit des équations phénoménologiques pour décrire les expériences en phase liquide, équations que nous utiliserons dans ce manuscrit.

Dans les années qui ont suivi les mesures se sont perfectionnées, à la fois grâce aux nouvelles générations d'appareils et à l'introduction de concepts novateurs. La première étape marquante de cette évolution est l'introduction de la spectroscopie RMN par transformée de Fourier en 1964 par Richard R. Ernst. Ceci a permis d'obtenir les structures spatiales des molécules, ce qui a fortement contribué à la diffusion de la RMN en chimie. La seconde étape correspond au développement de l'imagerie par résonance magnétique (IRM) par Paul Lauterbur et Peter Mansfield en 1973. Ceci a débouché sur l'introduction et la diffusion de la RMN en médecine, les scanners IRM étant désormais présents dans tous les grands hôpitaux.

Le domaine de la RMN a continué à évoluer, sur le plan théorique et expérimental. Dans le milieu des années 80, plusieurs groupes ont développé simultanément l'imagerie rapide par point fixe. En 1986, Steven Conolly et ses collaborateurs utilisent pour la première fois la théorie du contrôle optimal pour mettre en forme des champs de contrôle en RMN [40]. Le contrôle optimal s'est ensuite diffusé progressivement dans la communauté de la RMN, notamment grâce au développement de l'algorithme GRAPE par Navin Khaneja, Steffen Glaser et leurs collaborateurs [41, 42, 13, 43, 44]. Enfin, les premiers résultats expérimentaux utilisant les trajectoires singulières du contrôle optimal géométrique [21] sont publiés en 2010.

La RMN est particulièrement intéressante du point de vue du contrôle optimal, car c'est un domaine qui autorise la mise en forme expérimentale des contrôles avec une grande précision [14]. En effet, les contrôles les plus courts sont de l'ordre de la milliseconde alors que le circuit électronique de mise en forme réagit sur un temps caractéristique qui varie entre la nanoseconde et la microseconde.

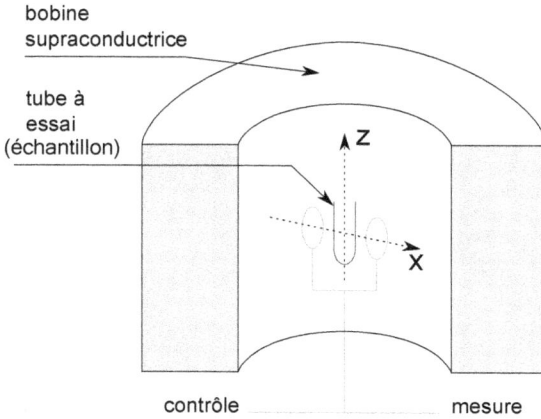

FIGURE 2.1 – Représentation schématique d'un spectromètre pour des expériences RMN en phase liquide.

2.2.2   Le modèle physique

Principe d'une expérience de RMN

Une expérience de RMN en phase liquide, telle qu'illustrée sur la Fig. 2.1, peut être décrite de façon macroscopique ou microscopique. Du point de vue macroscopique cela revient à considérer la dynamique de l'aimantation d'un échantillon de taille macroscopique. Du point de vue microscopique une expérience de RMN manipule les spins-$\frac{1}{2}$ de certains noyaux atomiques. Dans ce cas la dynamique est régie par la mécanique quantique. Il est possible de démontrer les équations macroscopiques, dites *équations de Bloch*, à partir de la dynamique quantique. Les deux modèles sont donc complètement équivalents. Nous allons nous contenter de décrire la physique macroscopique d'un tel système parce que l'extension non-linéaire que nous ferons par la suite se base elle aussi sur un raisonnement macroscopique. La démonstration quantique se trouve dans plusieurs livres et thèses [38, 45, 14].

L'*aimantation*, (en anglais "'magnetization"'), correspond au champ magnétique interne que possède un matériau en réaction à l'application d'un champ magnétique externe $\vec{B}$:

$$\vec{M} = \frac{\chi}{\mu}\vec{B}, \tag{2.1}$$

où χ est la susceptibilité magnétique du matériau et μ sa perméabilité magnétique, deux grandeurs qui caractérisent la réaction du matériau à l'application d'un champ magnétique.

Dans une expérience de RMN, deux champs magnétiques sont principalement mis en oeuvre. Le premier que l'on notera $\vec{B}_0$, est un champ fixe très intense orienté selon l'axe O_z du laboratoire. Il cause la précession du vecteur de magnétisation $\vec{M}$ autour de l'axe O_z à la pulsation $\omega_0 = \gamma B_0$, avec γ le facteur gyromagnétique du noyau considéré. Par exemple, on a pour l'hydrogène $\gamma = 2\pi \cdot 42,57$ Mhz/T. Dans les appareils modernes, ce champ est produit par une bobine supraconductrice refroidie à l'hélium liquide. Pour le spectromètre le plus puissant existant actuellement [46], ce champ est de 23.5 Tesla. L'influence de ce champ sur l'aimantation est illustrée sur la Fig. 2.2. Ce champ étant constant, il est naturel de se

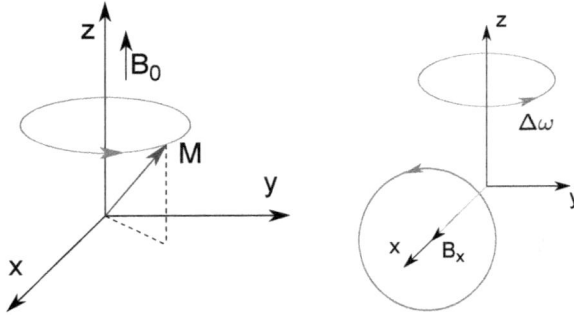

FIGURE 2.2 – (gauche) : Effet du champ constant $\vec{B}_0$ sur l'aimantation dans le référentiel du laboratoire. (droite) : Effet du champ de contrôle et de l'écart à la résonance sur l'aimantation dans le référentiel tournant.

placer dans un référentiel tournant pour simplifier l'étude de la dynamique. En pratique, nous devons souvent étudier différents spins dont les fréquences de résonance $\frac{\omega_0}{2\pi}$ diffèrent les unes des autres. Cette différence de la fréquence de résonance peut provenir d'une différence dans l'environnement chimique ou des inhomogénéités des champs magnétiques, dont nous parlerons dans la section (2.1.4). Il est donc impossible d'être simultanément en résonance avec les différents spins. On choisit alors un référentiel tournant à une pulsation ω_r tel que l'écart à la résonance $\Delta\omega = \omega_r - \omega_0$ est non-nul. Le deuxième champ, que l'on notera $\vec{B}_1$, est le champ de contrôle, qui se trouve dans le plan (x, y). C'est un champ oscillant de pulsation ω :

$$\vec{B}_1 = B_{1x}(t)\cos(\omega t)\vec{e}_x + B_{1y}(t)\cos(\omega t + \phi)\vec{e}_y. \tag{2.2}$$

On choisit ω tel que le champ ne soit pas oscillant dans le repère tournant : $\omega = \omega_r$. Dans ce repère tournant, l'aimantation précesse autour de $\vec{B}_1$. De plus, l'écart à la résonance produit un mouvement de rotation autour de l'axe O_z. Si $\vec{B}_1$ est nul et $\Delta\omega$ non-nul, l'aimantation va tourner autour de O_z. Au contraire, si $\vec{B}_1$ est non-nul et $\Delta\omega$ est nul, l'aimantation va tourner autour de $\vec{B}_1$. Le cas général est une combinaison des deux mouvements. Ceci est illustré dans le cas d'un champ constant $\vec{B}_1 = B_x\vec{u}_x$ sur la partie droite de la Fig. 2.2. Ce champ de contrôle est produit par deux petites bobines qui produisent un champ d'amplitude variable, jusqu'à 10^{-4} T.

Ensuite, il faut mesurer l'aimantation. Pour cela, on arrête le contrôle, et on mesure la variation de courant produite par le mouvement de l'aimantation dans les bobines qui servaient au contrôle. Les bobines étant faites pour des champs dans le plan (x, y), on ne peut mesurer que le signal transverse. Pour mesurer la composante sur O_z il faut d'abord appliquer un contrôle qui amène l'axe O_z dans le plan (x, y). Le détail du processus de mesure est traité dans la section (2.1.3). Une représentation schématique du spectromètre utilisé pour les expériences résume ces différentes informations sur la Fig. 2.1.

Les équations de Bloch

Pour modéliser l'évolution de l'aimantation, on utilise les équations de Bloch :

$$\begin{cases} \dfrac{\mathrm{d}M_x}{\mathrm{d}t} = \omega_y M_z - \Delta\omega M_y \\ \dfrac{\mathrm{d}M_y}{\mathrm{d}t} = -\omega_x M_z - \Delta\omega M_x \\ \dfrac{\mathrm{d}M_z}{\mathrm{d}t} = -\omega_y M_x + \omega_x M_y \end{cases} \tag{2.3}$$

où $(\omega_x, \omega_y) = -\gamma(B_{1x}, B_{1y})$. Notons que cette équation est conservative, le vecteur $\vec{M}$ reste à la surface d'une sphère, appelée *sphère de Bloch*. En pratique, il existe une dissipation sur l'axe O_z, régie par un coefficient T_1, qui décrit le retour à l'équilibre thermodynamique induit par l'environnement. Plus précisément, l'agitation thermique des noyaux entraine des fluctuations dans le champ magnétique qu'ils produisent. Ce champ magnétique avec fluctuations d'origine thermiques influence à son tour l'aimantation de l'échantillon en la ramenant à l'équilibre thermodynamique. Il existe également une dissipation transverse, régie par un coefficient T_2, qui ne peut pas se décrire de façon macroscopique. En effet, il correspond à la décohérence induite par les interactions entre le spin étudié et les spins voisins. Les interactions microscopiques sont elles-même extrêmement complexes puisqu'elles dépendent des positions des spins voisins, qui varient d'un type de molécule à l'autre, et qui varient dans une même molécule à cause des mouvements de pliage et de torsion de la molécule. En ajoutant ces termes dissipatifs, les équations de Bloch deviennent :

$$\begin{cases} \dfrac{\mathrm{d}M_x}{\mathrm{d}t} = \omega_y M_z - \Delta\omega M_y - \dfrac{M_x}{T_2} \\ \dfrac{\mathrm{d}M_y}{\mathrm{d}t} = -\omega_x M_z - \Delta\omega M_x - \dfrac{M_y}{T_2} \\ \dfrac{\mathrm{d}M_z}{\mathrm{d}t} = -\omega_y M_x + \omega_x M_y - \dfrac{M_z - M_0}{T_1} \end{cases} \tag{2.4}$$

où $\vec{M_0} = (0, 0, M_0)$ représente l'équilibre thermodynamique. Les paramètres T_1 et T_2 sont généralement compris entre quelques dizaines et quelques milliers de millisecondes. Par exemple, pour l'eau nous avons $T_1 = T_2 = 2500$ ms, pour le liquide cérébrospinal $T_1 = 2000$ ms et $T_2 = 300$ ms. Notons que ces paramètres sont soumis à la contrainte $2T_1 \geq T_2$.

Dans le cas où $\omega_y = \Delta\omega = 0$, la coordonnée x est découplée des deux autres ce qui mène

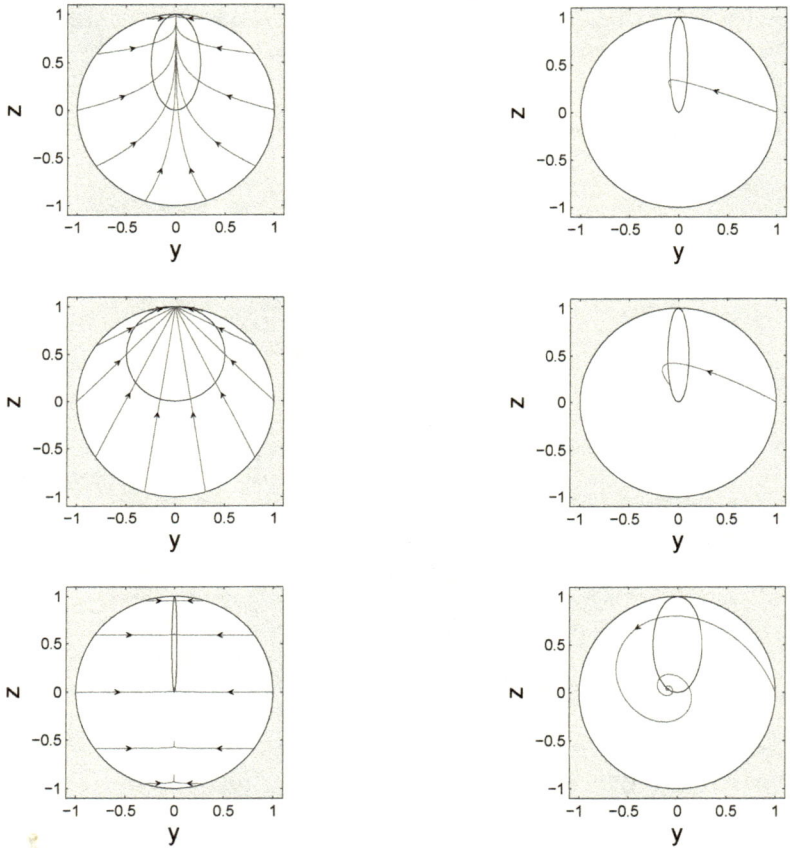

FIGURE 2.3 – (gauche) : Influence de la dissipation sur la dynamique de l'aimantation pour différentes conditions initiales dans le plan (y, z). Le contrôle est à zéro, ainsi que l'écart à la résonance. Les coefficients dissipatifs sont en unité arbitraire, de haut en bas : $(T_1 = 10, T_2 = 2.5)$, $(T_1 = 2.5, T_2 = 2.5)$ et $(T_1 = 1000, T_2 = 2.5)$. (droite) : Influence d'un contrôle constant sur la dynamique de l'aimantation. Les coefficients dissipatifs sont, de haut en bas : $(T_1 = 10, T_2 = 0.33)$, $(T_1 = 10, T_2 = 0.47)$ et $(T_1 = 10, T_2 = 2.5)$.

à une dynamique dans le plan (M_y, M_z). La dynamique se ramène alors à :

$$\frac{\mathrm{d}M_y}{\mathrm{d}t} = -\omega_x M_z - \frac{M_y}{T_2}$$
$$\frac{\mathrm{d}M_z}{\mathrm{d}t} = \omega_x M_y - \frac{M_z - M_0}{T_1} \cdot \qquad (2.5)$$

Ces équations seront notamment utilisées dans la section sur le problème du point fixe dynamique. Elles permettent de visualiser simplement l'influence de la dissipation sur la dynamique, comme nous pouvons l'observer sur la Fig. 2.3. Toutes les trajectoires présentées partent de la sphère de Bloch. La région grise est physiquement interdite, en effet la dissipation a pour effet de réduire le rayon de la sphère de Bloch. Dans le panneau de gauche, on considère un contrôle nul, pour observer l'effet de la dissipation. Dans ce cas, toutes les trajectoires finissent par retourner à l'équilibre thermodynamique $(0, 1)$. Dans les panneaux de droite, on considère un contrôle constant non-nul. Dans ce cas, les trajectoires sont attirées par un point fixe qui dépend des paramètres dissipatifs et de l'amplitude du contrôle constant imposé. L'ensemble des points fixes possibles est représenté par l'ellipse noire, que l'on nomme *lieu de colinéarité*. Notons que dans le panneau de droite, certaines trajectoires sont pseudo-périodiques, et d'autres non-périodiques. Ceci se comprend aisément en considérant l'équation suivante, obtenue à partir de l'équation (2.5) :

$$\frac{\mathrm{d}^2 M_y}{\mathrm{d}t^2} + (\frac{1}{T_1} + \frac{1}{T_2})\frac{\mathrm{d}M_y}{\mathrm{d}t} + (\omega_x^2 + \frac{1}{T_1 T_2})M_y + \frac{\omega_x M_0}{T_1}. \qquad (2.6)$$

Nous obtenons des trajectoires pseudo-périodiques ou apériodiques selon le signe du discriminant Δ de cette équation :

$$\Delta = \omega_x^2 \left[(\frac{1}{\omega_x T_1} - \frac{1}{\omega_x T_2})^2 - 4 \right] \quad . \qquad (2.7)$$

Dans le cas d'un contrôle constant $\omega_x = \omega_0$ le signe de Δ ne dépend que des paramètres dissipatifs, comme le montre la Fig. 2.4.

Extension non-linéaire due au radiation-damping

Nous avons brièvement expliqué précédemment que le signal mesuré correspond au courant électrique produit dans les bobines par l'évolution de l'aimantation. Or, si un courant électrique parcourt une bobine, il crée un champ magnétique, lequel va à son tour modifier la dynamique de l'aimantation. Cet effet indirect produit un amortissement du signal mesuré (en anglais *radiation damping*) qui n'est pas souhaitable en général dans les expériences. On doit tenir compte de cet effet lorsque l'amplitude du contrôle est très élevée ou lorsque les espèces présentes dans l'échantillon ont une réponse particulièrement forte. Cet effet est connu depuis les débuts de la RMN [47] mais il constitue encore aujourd'hui un sujet de recherche actif [48, 49, 50] car il peut être un obstacle à la mesure ou un outil de contrôle supplémentaire selon les cas.

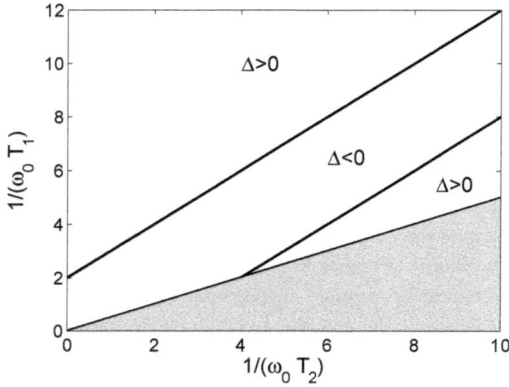

FIGURE 2.4 – Signe du discriminant Δ en fonction des paramètres de dissipation T_1 et T_2. La zone grise est interdite par la contrainte $2T_1 \geq T_2$.

Nous rappelons ici la démonstration présente dans [47, 51] qui donne les termes non-linéaires à rajouter dans les équations de Bloch pour décrire cet effet. Introduisons pour cela les coordonnées sphériques :

$$\begin{cases} M_x = M \sin\theta \cos\varphi \\ M_y = M \sin\theta \sin\varphi \\ M_z = M \cos\theta \end{cases}.$$

Supposons que l'aimantation précesse autour de l'axe O_z :

$$\begin{cases} M_x = M \sin\theta \cos(\omega t) \\ M_y = M \sin\theta \sin(\omega t) \\ M_z = M \cos\theta \end{cases}. \tag{2.8}$$

Considérons la bobine de mesure orientée selon O_x. En supposant que la section A de la bobine est suffisamment petite nous pouvons écrire le flux du champ comme $\phi = A\mu_0 M_x$. On considère θ constant en première approximation, la tension induite dans la bobine s'écrit dans le repère tournant à la pulsation ω :

$$U_s = -N\frac{d\phi}{dt} = NA\mu_0 \omega M \sin\theta, \tag{2.9}$$

avec N le nombre de spires de la bobine. L'énergie correspondante dissipée par effet Joule est :

$$E_J = \frac{(NA\mu_0\omega M \sin\theta)^2}{2R},\tag{2.10}$$

où R est la résistance de la bobine. De plus, l'énergie magnétique de l'échantillon s'écrit :

$$E = \frac{V(\mu_0\vec{M} + \vec{B}_0)^2}{\mu_0} = VMB_0\cos\theta + V\mu_0 M^2 + VB_0^2/\mu_0,\tag{2.11}$$

avec V le volume de l'échantillon. Supposons maintenant que la seule variation d'énergie provient de l'effet Joule dans la bobine de mesure :

$$\frac{dW}{dt} = -MVB_0\sin\theta\,\frac{d\theta}{dt} = \frac{(NA\mu_0\omega M \sin\theta)^2}{2R}.\tag{2.12}$$

Nous obtenons ainsi l'amortissement de l'angle θ :

$$\frac{d\theta}{dt} = -\frac{\sin\theta}{\tau_r},\tag{2.13}$$

avec τ_r le taux d'amortissement. On en déduit les termes non-linéaires des équations de Bloch :

$$\begin{cases} \dfrac{\mathrm{d}M_x}{\mathrm{d}t} = \omega_y M_z - \Delta\omega M_y - \dfrac{M_x}{T_2} - \dfrac{M_x M_z}{\tau_r M_0} \\[2mm] \dfrac{\mathrm{d}M_y}{\mathrm{d}t} = -\omega_x M_z - \Delta\omega M_x - \dfrac{M_y}{T_2} - \dfrac{M_y M_z}{\tau_r M_0} \\[2mm] \dfrac{\mathrm{d}M_z}{\mathrm{d}t} = -\omega_y M_x + \omega_x M_y - \dfrac{M_z - M_0}{T_1} + \dfrac{M_x^2 + M_y^2}{\tau_r M_0} \end{cases}.\tag{2.14}$$

Nous avons ici des termes polynomiaux d'ordre deux qui proviennent de l'échange d'énergie entre l'échantillon et le matériel de mesure. Notons que ces termes ne sont pas dissipatifs. En effet, si l'on ne considère que les termes non-linéaires nous avons :

$$\frac{\mathrm{d}|\vec{M}|^2}{\mathrm{d}t} = 0.\tag{2.15}$$

Normalisation

Pour faciliter la manipulation des équations il est préférable de les normaliser. Les unités des différentes grandeurs sont :

$$\begin{aligned} &[M] = \text{A.m}^{-1} \\ &[t] = \text{s} \\ &[T_i] = \text{s} \\ &[\tau_r] = \text{s} \\ &[\omega_i] = \text{rad.s}^{-1} \end{aligned}\tag{2.16}$$

On commence par diviser l'équation de Bloch par M_0, ce qui rend sans dimension les composantes de l'aimantation. Ensuite on choisit une pulsation de référence ω_{ref} pour normaliser les contrôles et l'écart à la résonance. Dans le cas où le contrôle est borné, on prend ω_{ref} égal à cette borne. Cela nous donne les grandeurs adimensionnées suivantes :

$$
\begin{aligned}
\vec{x} &= \frac{\vec{M}}{M_0} \\
t' &= \frac{\omega_{ref}}{2\pi} t \\
u_i &= \frac{2\pi\omega_i}{\omega_{ref}} \\
\Gamma &= \frac{2\pi}{\omega_{ref}T_2}, \\
\gamma &= \frac{2\pi}{\omega_{ref}T_1} \\
\Delta &= \frac{2\pi\Delta\omega}{\omega_{ref}} \\
k &= \frac{2\pi}{\omega_{ref}\tau_r}
\end{aligned}
\tag{2.17}
$$

Les équations de Bloch prennent finalement la forme suivante :

$$
\left\{
\begin{aligned}
\dot{x} &= -\Gamma x - \Delta y - kxz + u_y z \\
\dot{y} &= -\Gamma y - \Delta x - kyz - u_x z \\
\dot{z} &= \gamma(1 - z) + k(x^2 + y^2) - u_y x + u_x y
\end{aligned}
\right. .
\tag{2.18}
$$

Par la suite nous utiliserons systématiquement cette forme des équations.

2.2.3 Le processus de mesure

Le principe d'une expérience de RMN se décompose en deux phases : une phase de contrôle qui vise à exciter l'échantillon, et une phase de mesure pour collecter le signal produit par cette excitation. C'est cette deuxième phase que nous allons décrire ici en détail. La mesure du signal est effectuée par les bobines dans le référentiel du laboratoire. Pour décrire ce signal, nous introduisons (X, Y, Z) les coordonnées normalisées de l'aimantation dans le repère du laboratoire, elles sont liées aux coordonnées dans le repère tournant par les relations :

$$
\begin{aligned}
X &= x\cos(\omega_r t) - y\sin(\omega_r t) \\
Y &= x\sin(\omega_r t) + y\cos(\omega_r t) \quad . \\
Z &= z
\end{aligned}
\tag{2.19}
$$

Quand la mesure débute, le système se trouve dans un certain état initial $\vec{x}_0 = (x_0, y_0, z_0)$, différent de l'équilibre. Pendant la mesure, la dynamique libre ramène le système vers l'équilibre.

Si l'on ne tient pas compte du terme non-linéaire, la dynamique libre prend la forme :

$$\begin{cases} \dot{x} = -\Gamma x - \Delta y \\ \dot{y} = -\Gamma y - \Delta x \\ \dot{z} = \gamma(1 - z) \end{cases} \quad . \tag{2.20}$$

On remarque que dans ces équations la composante z est découplée des autres. Nous pouvons donc traiter séparément la mesure de la composante z. Concentrons nous d'abord sur la mesure des composantes transverses. Pour cela, nous introduisons les coordonnées polaires :

$$\begin{aligned} x &= \rho \cos\theta \\ y &= \rho \sin\theta \end{aligned} \quad . \tag{2.21}$$

Dans ces coordonées, la dynamique libre transverse devient :

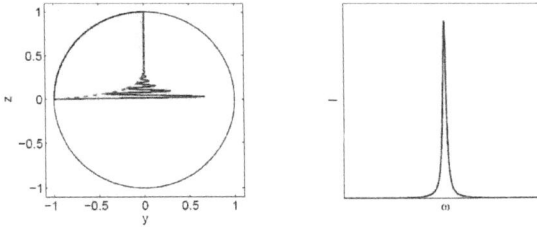

FIGURE 2.5 – (gauche) : Trajectoire oscillante dans le référentiel du laboratoire. (droite) : Spectre obtenu après la transformée de Fourier de la trajectoire oscillante . On obtient ici un seul pic car on ne considère qu'une seule espèce chimique avec un seul spin.

$$\begin{aligned} \dot{\rho} &= -\Gamma \rho \\ \dot{\theta} &= \Delta \end{aligned} \quad . \tag{2.22}$$

Ces équations s'intègrent directement :

$$\begin{cases} \rho(t) = \rho_0 e^{-\Gamma t} \\ \theta(t) = \Delta t + \theta_0 \end{cases} \quad \Rightarrow \quad \begin{cases} x(t) = \rho_0 e^{-\Gamma t} \cos(\Delta t + \theta_0) \\ y(t) = \rho_0 e^{-\Gamma t} \sin(\Delta t + \theta_0) \end{cases} \quad . \tag{2.23}$$

L'état initial que l'on cherche à connaître *via* cette mesure est donc décrit par (ρ_0, θ_0). La composante en X dans le référentiel du laboratoire s'écrit alors de la façon suivante :

$$X(t) = \rho_0 e^{-\Gamma t} \cos(\omega_0 t + \theta_0) \quad , \tag{2.24}$$

où ω_0 est la fréquence de résonance, telle que $\Delta = \omega_0 - \omega_r$. Considérons maintenant la variable complexe $\tilde{X} = \rho_0 e^{i\theta_0} e^{-\Gamma t} e^{i\omega_0 t}$. Les spectromètres actuels incluent une part de traitement du signal qui produit directement la transformée de Fourier du signal. Les grandeurs (ρ_0, θ_0) sont ainsi plus facilement accessibles. La transformée de Fourier de $\tilde{X}$ a la forme suivante :

$$
\begin{aligned}
\mathrm{TF}(\tilde{X}) &= \int \tilde{X}(t) e^{-i\omega t} dt \\
&= \rho_0 e^{i\theta_0} \frac{\Gamma - i(\omega - \omega_0)}{\Gamma^2 + (\omega - \omega_0)^2} \\
&= \rho_0 e^{i\theta_0} (\mathcal{A} + i\mathcal{B})
\end{aligned}
\tag{2.25}
$$

Si on considère l'intégration numérique sur un intervalle connu (ω_i, ω_f) de la partie réelle de la transformée de Fourier du signal mesuré, nous savons qu'elle doit être égale à :

$$
\int \mathrm{Re}(\mathrm{TF}(\tilde{X})) = \rho_0 (\cos\theta_0 \int \mathcal{A} - \sin\theta_0 \int \mathcal{B}) \quad . \tag{2.26}
$$

Comme $\int \mathcal{A}$ et $\int \mathcal{B}$ sont des constantes qui ne dépendent que de Γ, ω_0, ω_i et ω_f, nous obtenons θ_0 en cherchant numériquement la correction de phase ϕ_c telle que :

$$
\cos(\theta_0 + \phi_c)\left(\int \mathcal{A} - \sin(\theta_0 + \phi_c) \int \mathcal{B}\right) = 0 \quad . \tag{2.27}
$$

Ce qui donne finalement :

$$
\begin{aligned}
\theta_0 &= \arctan \frac{\int \mathcal{A}}{\int \mathcal{B}} - \phi_c \\
\rho_0 &= \frac{\int \mathrm{Re}(\mathrm{TF}(\tilde{X}))}{\cos\theta_0 \int \mathcal{A} - \sin\theta_0 \int \mathcal{B}}
\end{aligned}
\tag{2.28}
$$

Ce processus permet d'obtenir la position transverse de l'aimantation dans une expérience de RMN. Ceci est illustré sur la Fig. 2.5 qui montre la trajectoire de l'aimantation $(\vec{X}(t))$ et le spectre obtenu après la transformée de Fourier $\mathrm{Re}(\mathrm{TF}(\tilde{X}))$. Une des conséquences est qu'il est impossible de suivre expérimentalement une trajectoire. Pour avoir un point d'une trajectoire, il faut lancer cette trajectoire l'arrêter au temps voulu, faire la mesure. Pour avoir les points suivants de la trajectoire il faut donc relancer la trajectoire et l'arrêter à différents temps. Pour obtenir la position en z, on doit d'abord appliquer un contrôle qui amène quasi-instantanément la composante z dans le plan transverse, avant d'appliquer le processus décrit pour les composantes transverses. En effet, la présence du champ magnétique vertical $\vec{B}_0$ empêche toute mesure sur cet axe. Ce qui explique qu'il n'y ait pas de bobine de mesure orientée selon z, cela laisse également de la place pour le tube à essai qui contient l'échantillon en phase liquide, comme le montre la Fig.2.1.

2.2.4   Effet de l'inhomogénéité des champs magnétiques

Jusqu'à présent nous avons considéré que les champs $\vec{B}_0$ et $\vec{B}_1$ étaient homogènes ce qui n'est pas vrai en général. L'effet des inhomogénéités est traité en détail dans plusieurs livres de références et manuscrits de thèse [14, 38, 52]. Notons (X, Y, Z) les coordonnées spatiales de la molécule dans l'échantillon. L'inhomogénéité de $\vec{B}_0$ fait que, pour une même espèce chimique, la fréquence de résonance sera décalée continument en fonction de la position de la molécule dans l'échantillon. Cela entraine donc une distribution continue d'écart à la résonance $\Delta(X, Y, Z)$. Les équations de Bloch deviennent :

$$\begin{cases} \dot{x} = -\Gamma x - \Delta(X,Y,Z)y - kxz + u_y z \\ \dot{y} = -\Gamma y - \Delta(X,Y,Z)x - kyz - u_x z \\ \dot{z} = \gamma(1-z) + k(x^2 + y^2) - u_y x + u_x y \end{cases}, \qquad (2.29)$$

où l'écart à la résonance est une fonction des coordonnées spatiales. Cette condition rendant les équations extrêmement difficiles à manipuler dans le cadre du contrôle optimal, on discrétise en général cette distribution spatiale. Cela revient à considérer N spins avec N fréquences de résonance différentes. Pour que le contrôle soit bien applicable expérimentalement, on s'assure que celui-ci ne contienne pas de fréquences plus grandes que le pas $\delta\omega$ de la discrétisation. On travaille alors sur le contrôle simultané de N spins, ce qui signifie que nous avons le même champ de contrôle pour les N spins. Physiquement, comme Δ entraine une rotation autour de l'axe O_z, les N spins vont tourner à des vitesses différentes autour de l'axe en l'absence de contrôle. Cette inhomogénéité a donc pour effet de désynchroniser les différents spins de l'échantillon, *i.e.* les spins qui partent tous du même point se retrouvent étalés dans le plan transverse. L'aimantation moyenne transverse diminue d'autant plus vite. D'une certaine façon cela revient à considérer un système effectif dont la dissipation transverse est plus forte. Ainsi, une façon moins complète mais plus légère de modéliser cette propriété consiste à prendre un coefficient de dissipation effectif T_2^* tel que $T_2^* < T_2$. Cette approche possède cependant une précision limitée.

Le champ de contrôle est également inhomogène en pratique. Concrètement, cela signifie que l'intensité du contrôle perçu par un spin va varier selon sa position à l'intérieur de l'échantillon. Cet effet peut être modélisé par un facteur $a(X, Y, Z)$ au niveau des contrôles :

$$\begin{cases} \dot{x} = -\Gamma x - \Delta y - kxz + a(X,Y,Z)u_y z \\ \dot{y} = -\Gamma y - \Delta x - kyz - a(X,Y,Z)u_x z \\ \dot{z} = \gamma(1-z) + k(x^2 + y^2) - a(X,Y,Z)u_y x + a(X,Y,Z)u_x y \end{cases}. \qquad (2.30)$$

La gestion des inhomogénéités demeure un problème ouvert. Des études théoriques et expérimentales [52, 53] ont permis d'obtenir des contrôles robustes vis-à-vis des inhomogénéités de B_0, mais les solutions numériques obtenues sont difficiles à interpréter à cause de la complexité de leur structure.

2.3 Inversion de deux spins 1/2

2.3.1 Motivations

La séquence d'inversion consiste à amener l'aimantation du pôle nord au pôle sud de la sphère de Bloch. Du point de vue quantique cela revient à passer un spin de l'état fondamental à l'état excité. Cette séquence est l'une des deux séquences les plus courantes en RMN, la deuxième étant une rotation de $\pi/2$ utilisée pour amener l'aimantation de l'équilibre à l'équateur de la sphère de Bloch. La séquence d'inversion est utilisée dans la méthode usuelle de saturation [21], *i.e.* pour amener l'aimantation d'une espèce chimique à zéro, comme illustré sur le schéma de gauche de la Fig. 2.6. Cela consiste à faire une inversion puis à laisser agir la dissipation verticale, régie par le coefficient T_1. Or, l'espèce étudiée se trouve souvent dans un solvant qu'il faut donc saturer pour éviter d'obtenir un signal indésiré, la saturation est donc une séquence utilisée très couramment. Un autre exemple standard d'utilisation se trouve en IRM, pour augmenter le contraste [54] entre deux espèces quand les paramètres T_1 des deux espèces sont très différents. On applique une inversion pour les deux espèces, puis on laisse la dissipation agir. La vitesse de dissipation étant différente pour les deux espèces, les aimantations se séparent à l'intérieur de la boule de Bloch, ce qui améliore le contraste entre les deux espèces dans l'image finale, comme le montre le schéma de droite de la Fig. 2.6.

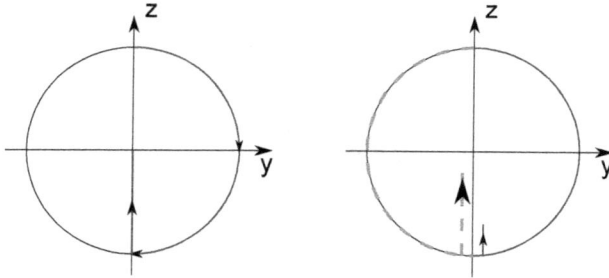

FIGURE 2.6 – (gauche) : Méthode standard de saturation d'un spin, on applique un bang pour atteindre le pôle sud de la sphère de Bloch, puis on laisse la dissipation agir jusqu'à ce que le système atteigne le centre. (droite) : Méthode pour augmenter le contraste entre deux espèces, quand le paramètre T_1 est très différent. Chaque espèce subit une inversion pour atteindre le pôle, puis la dissipation sépare les deux espèces.

Comme indiqué dans le paragraphe précédent, une façon de traiter l'inhomogénéité du champ $\vec{B}_0$ consiste à considérer un grand nombre de spins avec des écarts à la résonance différents. Ce problème a été traité numériquement pour un grand nombre de spins [53], mais sans réelle compréhension de la structure complexe du contrôle obtenu. Nous allons ici résoudre le problème de l'inversion avec seulement deux spins en utilisant les outils du contrôle géométrique, dans l'idée d'obtenir une meilleure compréhension physique du système.

C'est une première étape vers une étude qui prendrait en compte un plus grand nombre de dimensions.

De plus, c'est également une méthode qui permet de contrôler simultanément deux spins différents d'une même molécule. Par exemple, pour l'acétate de méthyle de formule CH_3COOCH_3, les deux groupes d'hydrogènes n'ont pas le même environnement chimique, et donc leurs fréquences de résonance sont différentes. C'est cette molécule qui sera utilisée par la suite pour tester les contrôles obtenus.

2.3.2   Présentation du système

Nous considérons deux spins dont les écarts à la résonance sont notés Δ_1 et Δ_2. En utilisant la normalisation de la section précédente, l'équation de Bloch s'écrit sous la forme :

$$
\begin{pmatrix} \dot{x}_1 \\ \dot{y}_1 \\ \dot{z}_1 \\ \dot{x}_2 \\ \dot{y}_2 \\ \dot{z}_2 \end{pmatrix} = \begin{pmatrix} -\Delta_1 y_1 \\ \Delta_1 x_1 \\ 0 \\ -\Delta_2 y_2 \\ \Delta_2 x_2 \\ 0 \end{pmatrix} + u_x \begin{pmatrix} 0 \\ -z_1 \\ y_1 \\ 0 \\ -z_2 \\ y_2 \end{pmatrix} + u_y \begin{pmatrix} z_1 \\ 0 \\ -x_1 \\ z_2 \\ 0 \\ -x_2 \end{pmatrix} . \tag{2.31}
$$

En utilisant un référentiel tournant à la fréquence $(\Delta_1 + \Delta_2)/2$, on peut transformer ce système en un système où les deux écarts à la résonance sont opposés. Par la suite on gardera donc $\Delta_1 = \Delta$ et $\Delta_2 = -\Delta$. Le but est de transférer simultanément les deux spins de leur équilibre thermodynamique $(0, 0, 1)$ à leur état excité $(0, 0, -1)$ avec un contrôle $\vec{u} = (u_x, u_y)$ commun.

On introduit ensuite les coordonnées sphériques :

$$
\left\{ \begin{aligned} x &= r \sin\theta \cos\phi \\ y &= r \sin\theta \sin\phi \\ z &= r \cos\theta \end{aligned} \right. ,
$$

pour réécrire l'équation précédente :

$$
\begin{pmatrix} \dot{r}_1 \\ \dot{\theta}_1 \\ \dot{\phi}_1 \\ \dot{r}_2 \\ \dot{\theta}_2 \\ \dot{\phi}_2 \end{pmatrix} = \begin{pmatrix} 0 \\ 0 \\ \Delta \\ 0 \\ 0 \\ -\Delta \end{pmatrix} + u_x \begin{pmatrix} 0 \\ -\sin\phi_1 \\ -\cot\theta_1 \cos\phi_1 \\ 0 \\ -\sin\phi_2 \\ -\cot\theta_2 \cos\phi_2 \end{pmatrix} + u_y \begin{pmatrix} 0 \\ \cos\phi_1 \\ -\cot\theta_1 \sin\phi_1 \\ 0 \\ \cos\phi_2 \\ -\cot\theta_2 \sin\phi_2 \end{pmatrix} . \tag{2.32}
$$

La coordonnée radiale ne joue ici aucun rôle, nous l'omettrons donc par la suite. Remarquons que ces coordonnées possèdent l'inconvénient de ne pas être bien définies aux pôles, qui sont pourtant le point initial et le point cible du problème de contrôle. Par la suite, tous les arguments qui utilisent la valeur de ces coordonnées aux pôles sous-entendent une définition de cette valeur par continuité des trajectoires. De plus, toutes les simulations numériques sont faites en coordonnées cartésiennes.

On définit les vecteurs $\vec{F}_0$, $\vec{F}_x$ et $\vec{F}_y$ tels que cette équation puisse s'écrire vectoriellement :

$$\dot{\vec{X}} = \vec{F}_0 + u_x \vec{F}_x + u_y \vec{F}_y \quad .$$

2.3.3 Inversion de deux spins en temps minimum

Nous regardons d'abord le problème en temps minimum, avec un contrôle borné : $|\vec{u}| \leq 1$. Le problème de l'inversion en temps minimum d'un seul spin avec un écart à la résonance et un seul contrôle est traité dans [19]. Par symétrie, cela permet également d'inverser deux spins si on ne considère qu'un seul contrôle. En effet, dans l'équation (2.31), si $u_y = 0$, prendre un deuxième spin tel que $\Delta_2 = -\Delta_1$ revient simplement à prendre $\tilde{x} = -x$. Dans cette section, nous allons montrer que le deuxième contrôle ne permet pas d'accélérer la dynamique, de sorte que la solution optimale pour un seul contrôle est également optimale dans le cas général comportant deux contrôles.

Le pseudo-hamiltonien issu du PMP s'écrit :

$$\begin{aligned}
\mathcal{H} = {} & \Delta(p_{\phi_1} - p_{\phi_2}) \\
& - u_x(p_{\theta_1} \sin\phi_1 + p_{\phi_1} \cot\theta_1 \cos\phi_1 + p_{\theta_2} \sin\phi_2 + p_{\phi_2} \cot\theta_2 \cos\phi_2) \quad . \\
& + u_y(p_{\theta_1} \cos\phi_1 - p_{\phi_1} \cot\theta_1 \sin\phi_1 + p_{\theta_2} \cos\phi_2 - p_{\phi_2} \cot\theta_2 \sin\phi_2)
\end{aligned} \tag{2.33}$$

La condition de maximisation donne ensuite l'hamiltonien maximisé :

$$\begin{aligned}
H = {} & \Delta(p_{\phi_1} - p_{\phi_2}) + [(p_{\theta_1}^2 + p_{\theta_2}^2 + \cot^2\theta_1\, p_{\phi_1}^2 + \cot^2\theta_2\, p_{\phi_2}^2 \\
& + 2\cos(\phi_1 - \phi_2)(p_{\theta_1} p_{\theta_2} + p_{\phi_1} p_{\phi_2} \cot\theta_1 \cot\theta_2) \\
& + 2\sin(\phi_1 - \phi_2)(p_{\theta_1} \cot\theta_2\, p_{\phi_2} - p_{\theta_2} \cot\theta_1\, p_{\phi_1})]^{1/2}
\end{aligned} \tag{2.34}$$

où les contrôles ont été remplacés par leurs formes données par le PMP dans le cas régulier. On suppose ici et pour toute cette section que les contrôles singuliers ne jouent aucun rôle, *i.e.* le système ne reste pas sur la surface définie par $\vec{p} \cdot \vec{F}_x = \vec{p} \cdot \vec{F}_y = 0$. Cette hypothèse est justifiée par le fait que les singulières ne sont génériquement pas optimales dans les problèmes avec deux contrôles ou plus [55]. On peut noter les rôles symétriques joués par θ_1 et θ_2. Cette symétrie sera utilisée par la suite. On note également que cet hamiltonien ne dépend que de la différence $\phi_1 - \phi_2$ et pas de la somme. Pour mettre en valeur cette symétrie nous appliquons un changement de variable canonique :

$$\begin{cases} \phi_+ = \phi_1 + \phi_2 \\ \phi_- = \phi_1 - \phi_2 \end{cases} \quad \text{et} \quad \begin{cases} p_{\phi_+} = \dfrac{1}{2}(p_{\phi_1} + p_{\phi_2}) \\ p_{\phi_-} = \dfrac{1}{2}(p_{\phi_1} - p_{\phi_2}) \end{cases} \quad , \tag{2.35}$$

défini *via* la fonction génératrice :

$$F_2 = \frac{1}{2}p_{\phi_1}(\phi_+ + \phi_-) + \frac{1}{2}p_{\phi_2}(\phi_+ - \phi_-) \quad,$$

et les relations :

$$p_{\phi_+} = \frac{\partial F_2}{\partial \phi_+} \quad ; \quad p_{\phi_-} = \frac{\partial F_2}{\partial \phi_-} \quad ; \quad \phi_1 = \frac{\partial F_2}{\partial p_{\phi_1}} \quad ; \quad \phi_2 = \frac{\partial F_2}{\partial p_{\phi_2}} \quad.$$

Comme l'hamiltonien ne dépend pas de ϕ_+, son moment conjugué p_{ϕ_+} est une constante du mouvement. De plus, au temps initial on a $p_{\phi_1} = p_{\phi_2} = 0$. En effet, on peut vérifier avec une transformation canonique que $p_\phi = xp_y - yp_x$. Comme le système est initialement en $(0,0,1)$, la constante p_{ϕ_+} est donc nulle. L'hamiltonien prend la forme :

$$\begin{aligned}
H =&2\Delta p_{\phi_-} + [p_{\theta_1}^2 + p_{\theta_2}^2 + (p_{\phi_+}^2 + p_{\phi_-}^2)(\cot^2\theta_1 + \cot^2\theta_2) + 2p_{\phi_-}p_{\phi_+}(\cot^2\theta_1 - \cot^2\theta_2) \\
&+ 2\cos\phi_-(p_{\theta_1}p_{\theta_2} + \cot\theta_1\,\cot\theta_2(p_{\phi_+}^2 - p_{\phi_-}^2)) \\
&+ 2\sin\phi_-(p_{\phi_+}(p_{\theta_1}\cot\theta_2 - p_{\theta_2}\cot\theta_1) - p_{\phi_-}(p_{\theta_1}\cot\theta_2 + p_{\theta_2}\,\cot\theta_1))]^{1/2}
\end{aligned}$$

$$(2.36)$$

Nous allons maintenant caractériser les trajectoires extrémales solutions du problème de contrôle optimal dans le but de montrer que le deuxième contrôle est inutile et qu'on peut donc réutiliser les résultats connus sur l'inversion avec un seul contrôle [19]. L'idée est de montrer l'existence d'un référentiel tel que :

$$\begin{cases} X_1(t) = X_2(t) \\ Y_1(t) = -Y_2(t) \\ Z_1(t) = Z_2(t) \end{cases} \quad.$$

$$(2.37)$$

Ce référentiel est défini par un angle de rotation α tel que $\vec{X} = R(\alpha)\vec{x}$:

$$\begin{cases} X_i = \cos\alpha x_i - \sin\alpha y_i \\ Y_i = \sin\alpha x_i + \cos\alpha y_i \\ Z_i = z_i \end{cases} \quad.$$

$$(2.38)$$

Dans ce référentiel la dynamique s'écrit :

$$\begin{array}{ll}
\dot{X}_1 = -\Delta Y_1 + Z_1 U_Y & \dot{X}_2 = \Delta Y_2 + Z_2 U_Y \\
\dot{Y}_1 = \Delta X_1 - Z_1 U_X \quad \text{et} & \dot{Y}_2 = -\Delta X_2 - Z_2 U_X \;, \\
\dot{Z}_1 = Y_1 U_X - X_1 U_Y & \dot{Z}_2 = Y_2 U_X - X_2 U_Y
\end{array}$$

$$(2.39)$$

avec $U_Y = u_y\cos\alpha + u_x\sin\alpha$ et $U_X = u_x\cos\alpha - u_y\sin\alpha$. Avec la symétrie de l'équation (2.37), nous pouvons poser $\dot{Y}_1 = -\dot{Y}_2$, ce qui nous donne directement $U_X = 0$. Un des deux contrôles est nul. Il nous faut donc montrer que la symétrie (2.37) existe dans ce système.

Plus précisément, nous allons montrer qu'elle existe pour une trajectoire qui relie les deux pôles.

D'abord, nous allons montrer l'égalité de la coordonnée z. Pour cela, montrons que si l'inversion est réalisée par une trajectoire alors les relations suivantes sont satisfaites :

$$\forall t \in [0, t_f], \quad p_{\theta_1}(t) = p_{\theta_2}(t) \quad \text{et} \quad \theta_1(t) = \theta_2(t) \quad , \tag{2.40}$$

avec t_f la durée du contrôle. Pour montrer cette propriété, supposons que le pôle sud est atteint par une extrémale et on suppose de plus que $H > 0$, ce qui est toujours possible en évitant certaines valeurs des moments initiaux. Nous avons alors au point final :

$$\theta_1(t_f) = \theta_2(t_f) = \pi, \quad \dot{\theta}_1(t_f) = \dot{\theta}_2(t_f) = 0, \quad p_{\phi_-} = 0 \quad . \tag{2.41}$$

De plus en détaillant les équations d'Hamilton on obtient :

$$\begin{cases} \dot{\theta}_1 = (p_{\theta_1} + \cos\phi_- p_{\theta_2} - p_{\phi_-}\sin\phi_-\cot\theta_2)/\sqrt{Q} \\ \dot{\theta}_2 = (p_{\theta_2} + \cos\phi_- p_{\theta_1} - p_{\phi_-}\sin\phi_-\cot\theta_1)/\sqrt{Q} \end{cases} , \tag{2.42}$$

avec

$$\begin{aligned} Q = & p_{\theta 1}^2 + p_{\theta 2}^2 + p_{\phi_-}^2(\cot^2\theta_1 + \cot^2\theta_2) \\ & + 2\cos\phi_-(p_{\theta 1}p_{\theta 2} - \cot\theta_1\cot\theta_2 p_{\phi_-}^2) \\ & - 2\sin\phi_- p_{\phi_-}(p_{\theta 1}\cot\theta_2 + p_{\theta 2}\cot\theta_1) \end{aligned} . \tag{2.43}$$

En soustrayant les deux équations (2.42) et en utilisant la condition (2.41) on arrive finalement à :

$$(p_{\theta_1}(t_f) - p_{\theta_2}(t_f))(1 - \cos\phi_-(t_f)) = 0 \quad . \tag{2.44}$$

Il suffit donc de montrer que $\cos\phi_-(t_f) = 1$ contredit nos hypothèses. En utilisant l'équation (2.42) et la condition $\dot{\theta}_1 = \dot{\theta}_2 = 0$ nous obtenons :

$$\begin{cases} p_{\phi_-}\sin\phi_-\cot\theta_2 = p_{\theta_1} + \cos\phi_- p_{\theta_2} \\ p_{\phi_-}\sin\phi_-\cot\theta_1 = p_{\theta_2} + \cos\phi_- p_{\theta_1} \end{cases} , \tag{2.45}$$

que nous réinjectons avec la condition $\cos\phi_-(t_f) = 1$ dans l'équation (2.43), ce qui donne :

$$Q = -(p_{\theta_1} + p_{\theta_2})^2 \quad . \tag{2.46}$$

La seule possibilité est $Q(t_f) = 0$, ce qui implique $H = H(t_f) = 0$. Cela contredit l'hypothèse $H > 0$.

Nous venons de montrer que :

$$\theta_1(t_f) = \theta_2(t_f) \quad \text{et} \quad p_{\theta_1}(t_f) = p_{\theta_2}(t_f) \tag{2.47}$$

Il suffit ensuite d'utiliser la symétrie de l'hamiltonien pour en déduire que cette relation est vrai pour tout $t \in [0, t_f]$.

Nous venons de montrer l'égalité sur z, il reste les deux autres. Pour les obtenir, commençons par remarquer que les résultats obtenus induisent que ϕ_+ est constant. En effet, en utilisant les équations d'Hamilton :

$$\dot{\phi}_+ = \frac{\partial H}{\partial p_{\phi_+}} = \left[2p_{\phi_-}(\cot^2\theta_1 - \cot^2\theta_2) + 4p_{\phi_+}\cos\phi_- \cot\theta_1 \cot\theta_2 \right.$$
$$\left. + 2\sin\phi_-(p_{\theta_1}\cot\theta_2 - p_{\theta_2}\cot\theta_1) \right] / \sqrt{Q} \tag{2.48}$$

Le deuxième terme de cette somme est nul parce que la constante p_{ϕ_+} est nulle. Les deux autres sont nuls à cause de la symétrie que l'on vient de démontrer. On définit les nouvelles coordonnées $\vec{X_{1,2}}$ telles que $\vec{X_{1,2}} = R(-\phi_+/2)\vec{X_{1,2}}$, ce qui nous donne :

$$\begin{cases} X_1 = \sin\theta_1 \cos(\dfrac{\phi_1 - \phi_2}{2}) \\ Y_1 = \sin\theta_1 \sin(\dfrac{\phi_1 - \phi_2}{2}) \\ Z_1 = z_1 \end{cases} \quad \text{et} \quad \begin{cases} X_2 = \sin\theta_2 \cos(\dfrac{\phi_2 - \phi_1}{2}) \\ Y_2 = \sin\theta_2 \sin(\dfrac{\phi_2 - \phi_1}{2}) \\ Z_2 = z_2 \end{cases} \quad . \tag{2.49}$$

Ce qui mène directement à la symétrie voulue. Nous avons donc montré qu'il existe un référentiel dans lequel un des deux contrôles est nul. La solution optimal avec un seul contrôle est donc également la solution optimal avec deux contrôles, ce qui n'était pas évident *a priori*.

Après avoir montré que l'on peut se ramener à un seul contrôle, nous pouvons utiliser les résultats présentés dans [19, 57]. Ces articles donnent notamment la solution analytique en temps minimal pour l'inversion dans ce type de système. C'est une solution de type "Bang-Bang" dont les caractéristiques ne dépendent que de l'écart à la résonance et de la borne sur le contrôle. Ce contrôle est présenté sur la Fig. 2.7. Nous allons rappeler brièvement les formules démontrées dans [19, 57], que nous avons utilisées pour tracer la Fig. 2.7.

Commençons par introduire $\alpha = \arctan(1/\Delta)$. Le nombre de switch N satisfait les contraintes :

$$\frac{\pi}{2\alpha} - 1 \leq N \leq \frac{\pi}{2\alpha} + 1 \quad . \tag{2.50}$$

La durée d'un Bang interne, *i.e.* tous les bangs sauf le premier et le dernier, se calcule en fonction de la durée du premier bang t_i à partir de la formule :

$$v(t_i) = \pi + 2\arctan\left(\frac{\sin t_i}{\cos t_i + \cot^2\alpha}\right) \quad . \tag{2.51}$$

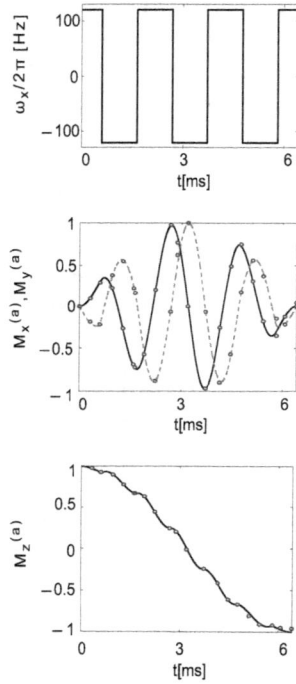

FIGURE 2.7 – Contrôle "Bang-bang" globalement optimal pour l'inversion de deux spins en temps minimum, avec les trajectoires correspondantes. Les lignes correspondent aux résultats théoriques et les points aux résultats de l'expérience menée par l'équipe du Pr. Glaser à Munich [56].

Pour obtenir la durée du premier et dernier bang il faut introduire les fonctions :

$$\theta(t) = 2\arccos\left(\sin^2\left(\frac{v(t)}{2}\right)\cos(2\alpha) - \cos^2\left(\frac{v(t)}{2}\right)\right)$$

$$\beta(t) = 2\arccos(\sin(\alpha)\cos(\alpha)(1 - \cos(t))) \tag{2.52}$$

Nous avons ensuite deux cas. Si l'équation suivante possède deux solutions (t_1, t_2) :

$$\frac{2\pi}{\theta(t)} = N , \tag{2.53}$$

alors (t_1, t_2) correspondent aux durées du premier et dernier bang. Ce qui fait deux solutions possible : soit t_1 est la durée du premier bang, soit celle du dernier. De plus, les équations suivantes ont chacune une solution :

$$\frac{2\beta(t_3)}{\theta(t_3)} + 1 = N \quad \text{et} \quad \frac{2\beta(t_4)}{\theta(t_3)} = N . \tag{2.54}$$

Les solutions (t_3, t_4) de ces équations produisent également deux trajectoires possibles, telles que la durée du premier bang et du dernier bang sont égales entre elles, et valent t_3 ou t_4. En tout, cela fait donc quatre trajectoires possibles, dont il faut comparer les durées numériquement pour avoir la trajectoire globalement optimale.

Dans notre cas, la Fig. 2.7 est tracée avec $\Delta = 4$ ce qui donne une trajectoire de type t_3. Plus précisément, cela donne $t_i = t_f = t_3 = 0.4535$ ($= 0.59$ ms) avec une durée des bangs internes de $T = 0.7914$ ($= 1$ ms).

Cette solution a été testée expérimentalement à Munich dans l'équipe de S. Glaser [56]. L'expérience a été réalisée en utilisant les protons des parties $-OCH_3$ et $-OOCCH_3$ de l'acétate de méthyle. Ils génèrent deux pics séparés de 966 Hz dans un spectromètre à 600 MHz. L'écart à la résonance est donc de 483 Hz, et le contrôle est choisi tel que l'amplitude maximale soit quatre fois plus faible : $\omega_{max} = 120.75$ Hz. Les paramètres dissipatifs T_1 et T_2, mesurés expérimentalement, sont respectivement de 4.95s et 0.14s. La durée du contrôle étant de l'ordre de la milliseconde, nous pouvons effectivement négliger la dissipation. Les résultats des expériences sont présentés sur la Fig. 2.7. Nous constatons un très bon accord avec les prédictions théoriques.

2.3.4   Inversion de deux spins en énergie minimum

Nous allons maintenant reprendre cette étude mais avec un coût de type énergie. De plus, comme nous voulons comparer la structure du contrôle avec celui obtenu en temps minimum, nous nous restreignons à un seul contrôle et nous fixons la durée totale du contrôle à la durée obtenue dans la section précédente $T = T_{min}$. Comme nous considérons toujours le cas $\Delta = -\Delta$ nous savons grâce à la symétrie du système que si le contrôle permet l'inversion pour le premier spin alors le deuxième spin subira également une inversion mais avec $\forall t, x_2(t) = -x_1(t)$. On peut donc se contenter d'étudier un seul spin. Le système de départ se réduit alors à :

$$\begin{pmatrix} \dot{x} \\ \dot{y} \\ \dot{z} \end{pmatrix} = \begin{pmatrix} -\Delta y \\ \Delta x \\ 0 \end{pmatrix} + u \begin{pmatrix} 0 \\ -z \\ y \end{pmatrix} \quad . \tag{2.55}$$

En appliquant le PMP dans le cas régulier, nous obtenons le pseudo-hamiltonien :

$$\mathcal{H} = \Delta(xp_y - yp_x) + u(yp_z - zp_y) - \frac{1}{2}u^2 \quad , \tag{2.56}$$

puis on maximize $\mathcal{H}$ pour obtenir le contrôle :

$$u(t) = yp_z - zp_y \quad . \tag{2.57}$$

On obtient finalement l'hamiltonien dont la dynamique contient les trajectoires extrémales du problème :

$$H = \Delta(xp_y - yp_x) + \frac{1}{2}(yp_z - zp_y)^2 \quad . \tag{2.58}$$

Il suffit maintenant de trouver le vecteur initial $\vec{p}(t = 0)$ tel que l'inversion soit effectuée au temps final : $z(T) = -1$. Pour cela, nous allons commencer par introduire de nouvelles coordonnées sphériques :

$$\begin{cases} x = \cos\theta \\ y = \sin\theta\cos\phi \\ z = \sin\theta\sin\phi \end{cases} . \tag{2.59}$$

Ces coordonnées ont l'avantage d'être bien définies aux pôles. L'hamiltonien et le contrôle deviennent :

$$H = \Delta(p_\theta\cos\phi - p_\phi\sin\phi\cot\theta) + \frac{1}{2}p_\phi^2 \quad \text{et} \quad u(t) = p_\phi \quad . \tag{2.60}$$

Nous cherchons donc les couples $(p_\phi(0), p_\theta(0))$ tels que $\sin\theta(T)\sin\phi(T) = -1$. Nous avons la chance de pouvoir tracer la surface définie par la distance à la cible en fonction des moments initiaux, ce qui nous donne une vision globale du problème. On écrit la distance à la cible $x^2 + y^2 + (z + 1)^2$ pour $t = T$.

Cette surface est tracée Fig. 2.8 pour $\sqrt{p_\phi^2 + p_\theta^2} < 5$. On observe que les solutions possibles se répartissent sur deux cercles concentriques. Si on augmente le rayon $\sqrt{p_\phi^2 + p_\theta^2}$, on trouve d'autres cercles similaires. En regardant de plus près les solutions numériques correspondantes on se rend compte que chaque cercle correspond à un ordre de grandeur pour l'énergie, le cercle central possédant les solutions avec l'énergie la plus basse. Dans le cercle central, on note la présence de 4 solutions, qui donnent des sinusoïdes ayant la même structure que les quatre solutions "Bang-Bang" dont nous avons parlé dans la section précédente. Parmi ces quatre solutions, nous sélectionnons celle qui a la même structure que la solution optimale

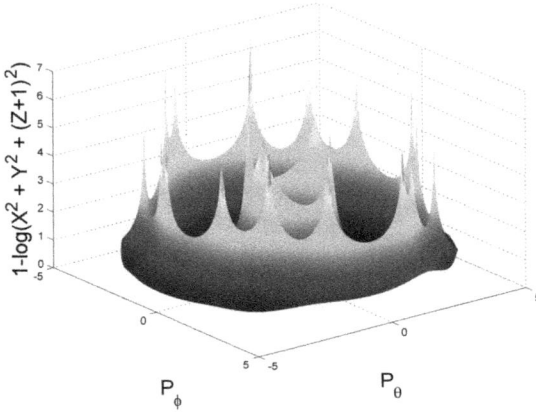

FIGURE 2.8 – Distance à la cible au temps final en fonction des moments initiaux.

en temps minimum. La surface donne $p_\phi = 1.2$ et $p_\theta = 0.2$ qui nous permet d'initialiser le tir dans le logiciel COTCOT [58].

Brièvement, COTCOT est une interface Fortran-Matlab développée par J.B. Caillau de l'université de Bourgogne. A l'aide du logiciel de différentiation automatique TAPENADE et ayant écrit l'Hamiltonien de Pontryagin du système dans un fichier Fortran (une version réécrite en C/C++ existe, contactez Marc Lapert lapert.marc -at- gmail.com), un script dans COTCOT va alors générer différents fichiers dérivés à l'aide de TAPENADE et du fichier contenant l'Hamiltonien. Parmi ces fichiers, certains permettent de retrouver la dynamique des équations de Hamilton et d'autres les équations d'évolution des champs de Jacobi. COT-COT contient un intégrateur numérique basé sur une méthode de type Runge-Kutta-Fehlberg d'ordre 4(5) et également une méthode de résolution de systèmes d'équations de type hybride de Powel. Ce code a donc l'avantage de combiner la rapidité d'exécution de Fortran avec la modularité de Matlab qui ne requiert pas de compilation, entrainant un gain de temps dans le traitement du problème.

Le logiciel COTCOT donne la position $p_\phi = 1.2200485$ et $p_\theta = 0.3202271$ qui permet d'atteindre la cible avec une précision de 10^{-14}. Notons que cette précision est très supérieure à celles des autres méthodes standards en contrôle optimal. A titre d'exemple la meilleure précision que peut atteindre un algorithme comme GRAPE sur ce type de problème est seulement de 10^{-8} [59]

Les deux solutions, temps minimum et énergie minimum sont tracées sur la Fig. 2.9. Dans les deux cas, la fréquence est la même et correspond exactement à la fréquence Δ. Ce résultat est intuitif quand on analyse ce système du point de vue quantique : on essaye d'exciter un système à deux niveaux dont la fréquence de transition est Δ, la façon optimale d'exciter

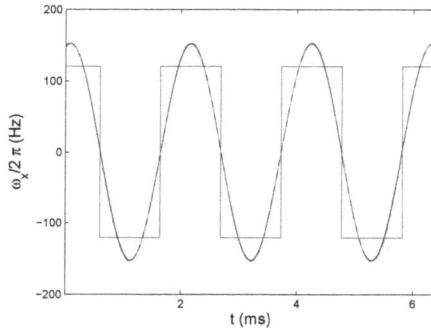

FIGURE 2.9 – Contrôles optimaux pour la solution en temps minimum (bleu) et énergie minimum (noir). La ligne en pointillés rouges représente la première harmonique de la série de Fourier de la solution temps minimum.

un tel système est d'envoyer une impulsion résonante, ce qui correspond au contrôle optimal obtenu. Il est également intéressant de prolonger la solution temps minimum pour obtenir une fonction créneau $\tilde{u}(t)$ définie sur $[-\infty, +\infty]$. On peut alors décomposer cette fonction en série de Fourier $\tilde{u}(t) = \sum_{n=1}^{+\infty} \omega_n \sin(2\pi n \Delta t)$ et comparer cette décomposition à la solution énergie minimum. Cette dernière est en fait très proche de la première harmonique de la décomposition, comme le montre la Fig. 2.9. On peut le comprendre en exprimant l'énergie du contrôle avec le théorème de Parseval :

$$\int_{-\infty}^{+\infty} \tilde{u}^2(t) \mathrm{d}t = \sum_{n=1}^{+\infty} \omega_n^2 \quad .$$

Pour minimiser cette somme en gardant la fréquence Δ, le système garde seulement le premier terme. En réalité, la solution énergie minimum n'est pas exactement une fonction sinus, c'est en fait une composée de fonctions d'ordres supérieurs. Cette solution a été testée expérimentalement par l'équipe de Michel Picquet à Dijon, comme illustré sur la Fig. 2.10. La molécule utilisée est l'acétate de méthyle, comme pour les expériences en temps minimum, et de la même façon nous pouvons observer un bon accord entre les courbes théoriques et les points expérimentaux.

2.4 Amortissement non-linéaire dû à la mesure

2.4.1 Introduction du modèle

Dans cette section nous allons étudier l'amortissement non-linéaire produit par l'influence de la bobine de mesure sur le signal mesuré. Comme nous l'avons vu précédemment, cette influence peut être modélisée en ajoutant des termes non-linéaires à l'équation de Bloch

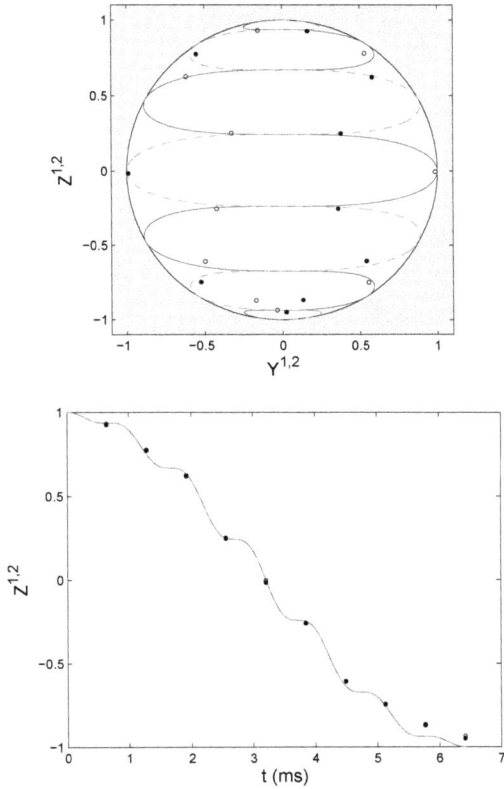

FIGURE 2.10 – Trajectoires optimales pour la solution en énergie minimum, à gauche dans le plan y, z, à droite la composante z en fonction du temps. Les lignes correspondent aux résultats théoriques et les points aux résultats expérimentaux.

[47, 51] :

$$\begin{cases} \dot{x} = -\Gamma x + u_2 z - kxz \\ \dot{y} = -\Gamma y - u_1 z - kyz \\ \dot{z} = \gamma_- - \gamma_+ z + u_1 y - u_2 x + k(x^2 + y^2) \end{cases} \qquad (2.61)$$

On introduit les coordonnées sphériques usuelles :

$$\begin{cases} x = r \, \cos\phi \, \sin\theta \\ y = r \, \sin\phi \, \sin\theta \\ z = r \, \cos\theta \end{cases} \quad ,$$

qui permettent de réécrire les équations du mouvement :

$$\begin{cases} \dot{r} = -r\Gamma \sin^2\theta + \gamma_- \cos\theta - \gamma_+ \cos^2\theta \\ \dot{\theta} = -\Gamma \sin\theta \cos\theta - \dfrac{\gamma_-}{r} \sin\theta + \gamma_+ \sin\theta \cos\theta - kr \sin\theta + v_2 \\ \dot{\phi} = -\cot\theta \, v_1 \end{cases} \quad , \qquad (2.62)$$

où v_1 et v_2 sont les nouveaux contrôles, définis par :

$$\begin{bmatrix} v_1 \\ v_2 \end{bmatrix} = \begin{bmatrix} \sin\phi & -\cos\phi \\ \cos\phi & \sin\phi \end{bmatrix} \begin{bmatrix} u_1 \\ u_2 \end{bmatrix} \quad . \qquad (2.63)$$

Le terme non-linéaire conserve la symétrie de rotation autour de l'axe O_z. Si le point initial est sur cet axe alors tous les plans sont équivalents. Dans le cas où le système est contrôlé avec un seul contrôle, alors la dynamique reste effectivement dans un plan et le système se réduit à un problème en deux dimensions. Ce cas particulier a été traité en détail dans une thèse précédente [14] dans le cadre d'un contrôle en temps minimum. Certains résultats ont d'ailleurs été testés expérimentalement [48]. Nous allons ici étudier le cas général à trois dimensions, toujours dans le cadre d'un contrôle en temps minimum. Le but est de décrire les nouveautés apportées par le terme non-linéaire par rapport à l'étude linéaire menée dans [27].

Cette étude linéaire se scindait en plusieurs parties, le cas sans dissipation était d'abord traité. Celui-ci correspond au modèle de Grushin présenté dans le chapitre 1. Les trajectoires sont périodiques, il existe un lieu de recouvrement et un lieu conjugué. Nous allons donc observer l'influence du terme non-linéaire sur ces structures. Dans le cas dissipatif, l'étude linéaire montre l'existence de deux types de comportements, périodique et apériodique. Nous allons montrer que ces comportements demeurent présents malgré la non-linéarité.

2.4.2 Sans dissipation

Commençons par analyser le cas $\gamma_+ = \gamma_- = \Gamma = 0$, *i.e.* sans dissipation. Nous étudions le système présenté ci-dessus avec un coût de type temps minimum. Dans ce cas, le PMP appliqué au système (2.62) donne le pseudo-hamiltonien suivant :

$$\mathcal{H} = v_2 p_\theta - kr \sin\theta p_\theta - v_1 \cot\theta p_\phi \quad . \tag{2.64}$$

L'hamiltonien maximisé prend la forme :

$$H = \sqrt{p_\phi^2 \cot^2\theta + p_\theta^2} - kr \sin\theta \, p_\theta \quad . \tag{2.65}$$

Cet hamiltonien correspond au modèle de Grushin au terme non-linéaire près. Ce modèle est bien connu en théorie du contrôle et produit des trajectoires périodiques décrites dans [27]. Notons que la dynamique de ce système reste sur la sphère de Bloch, puisque nous avons supprimé la dissipation. L'expression des contrôles est la même que dans le modèle de Grushin :

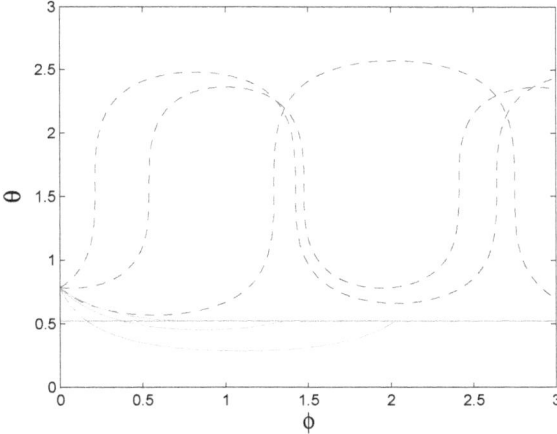

FIGURE 2.11 – Influence du terme non-linéaire sur le modèle de Grushin. Toutes les trajectoires sont tracées avec $\theta(0) = \pi/4$, $\phi(0) = 0$ et $p_\phi = 2$. Les trajectoires périodiques en pointillés bleus ont $k = 0.2$ et trois valeurs de $p_\theta = -2, 0, 2$. Les trajectoires apériodiques vertes ont les mêmes valeurs de p_θ mais $k = 2$. La ligne rouge correspond à $\theta_f = \arcsin\frac{1}{k}$.

$$v_1 = -\frac{p_\varphi \cot\theta}{\sqrt{p_\theta^2 + p_\varphi^2 \cot^2\theta}} \text{ et } v_2 = \frac{p_\theta}{\sqrt{p_\theta^2 + p_\varphi^2 \cot^2\theta}} \quad . \tag{2.66}$$

En propageant numériquement les équations du mouvement nous observons deux types de trajectoires :

$k < 1$: La trajectoire est périodique. La période est égale à la période de Grushin si $k = 0$

et s'accroît quand k augmente.

$k \geq 1$: La trajectoire est attirée par un point fixe stable.

Nous pouvons obtenir analytiquement l'expression du point fixe en fonction de k en utilisant le fait que l'hamiltonien est une constante du mouvement de valeur h. À partir de (2.65) nous obtenons :

$$[(k \sin \theta)^2 - 1]p_\theta^2 + 2hk \sin \theta \, p_\theta + h^2 - (p_\varphi \cot \theta)^2 = 0, \qquad (2.67)$$

qui donne :

$$p_\theta = \frac{-hk \sin \theta \pm \sqrt{h^2 + (p_\varphi \cot \theta)^2[(k \sin \theta)^2 - 1]}}{(k \sin \theta)^2 - 1}. \qquad (2.68)$$

Cela signifie que si p_θ diverge alors $\theta = \arcsin(\frac{1}{k})$ ou $\theta = \pi - \arcsin(\frac{1}{k})$ ou p_ϕ diverge ou le système est sur un pôle. Or on constate numériquement que les solutions non périodiques font diverger p_θ alors que p_ϕ ne diverge pas et le système n'est pas sur un pôle. Nous pouvons ensuite regarder la stabilité des deux points fixes pour déterminer lequel sera choisi par le système. Nous obtenons :

$$\delta\theta = \delta\theta(0) \exp(-tk \cos \theta_f). \qquad (2.69)$$

C'est donc le point fixe $\theta_f = \arcsin \frac{1}{k}$ qui est stable, ce qui est confirmé par les simulations numériques présentées sur la Fig. 2.11. La première conclusion est donc que le terme non-linéaire permet l'existence de trajectoires non-périodiques.

De plus, en observant l'équation (2.68) on remarque que $p_\theta(\pi - \theta) = p_\theta(\theta)$. Nous en déduisons que dans le plan (θ, p_θ) les trajectoires sont symétriques par rapport à l'axe $\theta = \pi/2$. Ceci est illustré par le schéma de la Fig. 2.13 Cette propriété implique que deux trajectoires débutant du même point de la sphère avec les deux valeurs de p_θ données par l'équation (2.68) vont se croiser au bout d'un même temps sur le parallèle antipodal défini par $\theta = \pi - \theta(0)$. Cette propriété est illustrée sur la Fig. 2.12. Sur cette figure, la ligne rouge représente l'ensemble des points sur lesquels deux trajectoires différentes se rejoignent après un même temps de parcours. Un tel ensemble est une courbe de recouvrement (overlap curve). Nous avons montré dans le chapitre 1 que les trajectoires de ce type perdent leur optimalité lorsqu'elles se rejoignent.

Cette structure était déjà présente dans le cas linéaire. Le terme non-linéaire ne modifie pas cette propriété du système.

2.4.3 Avec dissipation

Dans le cas linéaire, l'étude [27] avait constaté numériquement deux types de comportement.

Si $|\Gamma - \gamma_+| > 2$: La projection de la trajectoire sur la sphère est périodique en θ et ϕ pour certaines plages de valeurs des moments initiaux. Pour les autres valeurs les trajectoires

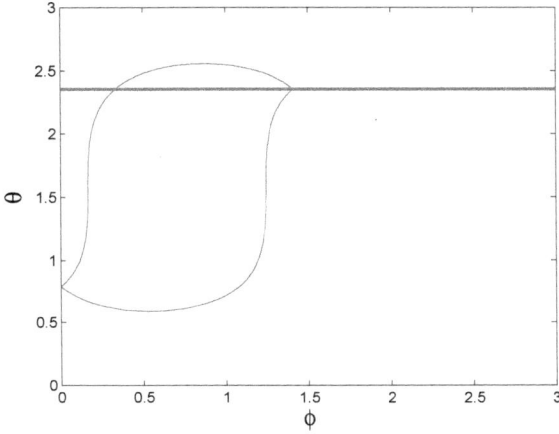

FIGURE 2.12 – Le lieu de recouvrement (overlap curve) en rouge, est l'ensemble de points où certaines trajectoires cessent d'être optimales car elles arrivent au même point au bout d'un même temps de parcours.

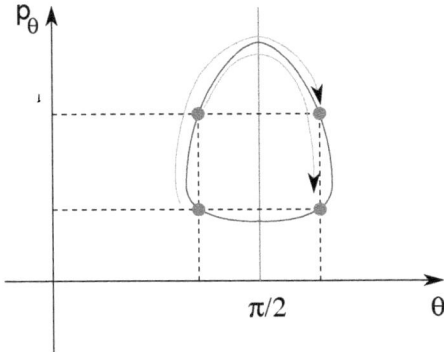

FIGURE 2.13 – On considère une trajectoire périodique en bleue. Deux trajectoires dont le moment p_θ est défini par Eq. (2.68) se croisent au bout d'un temps identique sur l'antipodal.

sont attirées par un point fixe.

Si $|\Gamma - \gamma_+| < 2$ **:** Les trajectoires sont périodiques pour toutes les valeurs des paramètres.

Cette limite $|\Gamma - \gamma_+| = 2$ n'est qu'une conjecture numérique. Dans notre cas, si k est suffisamment petit nous observons ces deux comportements, comme le montre la Fig. 2.14. De plus, on remarque que dans le cas où tous les coefficients dissipatifs sont non-nuls, la

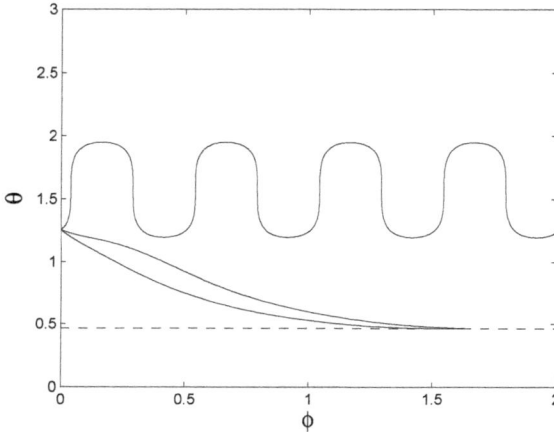

FIGURE 2.14 – Deux types de trajectoires. Les exemples sont tracés avec $\Gamma = 4.5$, $\gamma_+ = 2$, $\gamma_- = 0$ et $k = 0.1$. Les conditions initiales sont $\theta(0) = 2\pi/5$, $p_\theta(0) = r(0) = p_r(0) = 1$ et trois valeurs différentes pour $p_\phi = 1, 4, 10$

dissipation ne ramène pas le système au centre de la boule de Bloch. Le rayon final prend la forme :

$$r_f = \frac{\gamma_- \cos \theta_f}{\gamma_+ \cos^2 \theta_f + \Gamma \sin^2 \theta_f}, \tag{2.70}$$

qui ne dépend pas du terme non-linéaire.

Quand le k augmente, les comportements périodiques disparaissent, et toutes les trajectoires sont attirées par le point fixe.

2.4.4 Points conjugués

Les points conjugués permettent de déterminer les points où les trajectoires perdent leur optimalité (cf. chapitre 1). L'ensemble de ces points forment le lieu conjugué. Pour le calculer nous utilisons une méthode numérique détaillée dans [22], rappelée dans le chapitre 1. Cette méthode se résume à la propagation numérique des équations de la dynamique et des équations aux variations qui régissent les champs de Jacobi $(\delta\theta, \delta\phi, \delta p_\theta, \delta p_\phi)$. Le point conjugué recherché correspond ensuite au premier zéro du déterminant :

$$D = \det \begin{bmatrix} \delta p_\theta & \dot{\theta} \\ \delta p_\phi & \dot{\phi} \end{bmatrix}. \tag{2.71}$$

Nous restreignons l'étude au cas du modèle de Grushin. Une étude des points conjugués est

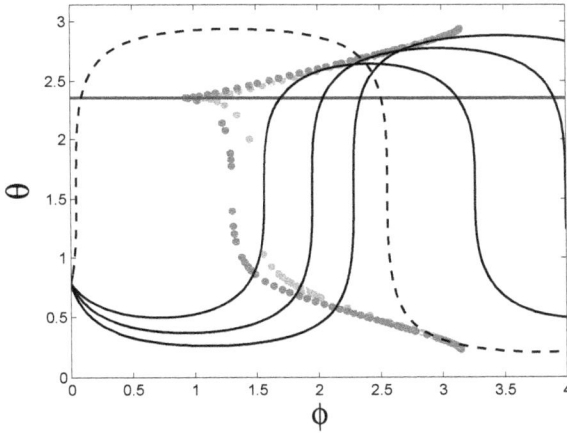

FIGURE 2.15 – Influence du terme non-linéaire sur le modèle de Grushin. Le terme non-linéaire est fixé à $k = 0.9$. Le point initial est $\theta = \pi/4, \phi = 0, p_\phi = 1$, chaque point correspond à une valeur différente de $p_\theta \in [-30, 30]$. Les points rouges correspondent au modèle linéaire et les points verts au modèle non-linéaire avec $k = 0.9$. La courbe bleue correspond au cut locus de la Fig. 2.12. En pointillés noirs et traits pleins noirs nous présentons quelques exemples de trajectoires.

faite pour ce modèle dans [27], nous allons regarder l'influence du terme non-linéaire sur ces résultats. Nous observons sur la Fig. 2.15 que le terme non-linéaire modifie légèrement le lieu conjugué mais sans changer la structure. Quelques trajectoires sont tracées pour mettre en évidence le fait qu'elles arrivent de façon tangente sur le lieu conjugué. Les trajectoires en trait plein sont tangentes à la partie supérieure du lieu conjugué, la trajectoire en pointillés est tangente à la partie inférieure. Toutes ces trajectoires perdent leur optimalité après le premier contact tangent avec le lieu conjugué. Un exemple d'évolution du déterminant est présenté Fig. 2.16. Le temps conjugué de cette trajectoire correspond au temps où ce déterminant s'annule pour la première fois (hors origine).

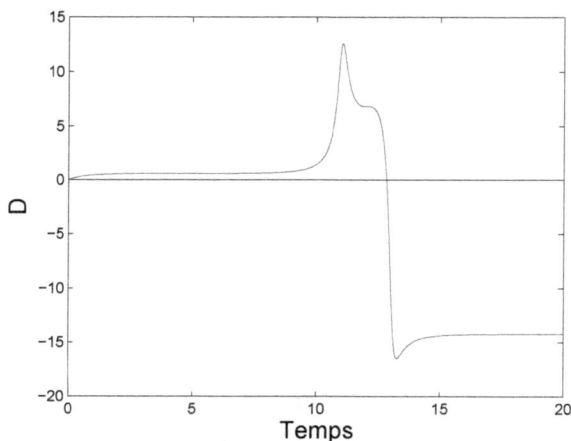

FIGURE 2.16 – Évolution du déterminant défini par Eq. (2.71) correspondant à la trajectoire en pointillé de la Fig. 2.15.

2.5 Méthode du point fixe dynamique en RMN et IRM

2.5.1 Position du problème

Motivations

Améliorer le ratio signal sur bruit est intéressant dans la plupart des expériences, y compris en RMN et IRM. Dans ces domaines, la méthode du point fixe dynamique[1] [60, 54] est une méthode couramment utilisée pour répéter la même mesure un grand nombre de fois, en améliorant ainsi le ratio signal sur bruit. La rapidité de la mesure est également une problématique clef en IRM puisque les patients ne peuvent pas rester trop longtemps dans le scanner à cause des champs très intenses. Sans compter qu'ils risquent de bouger, diminuant ainsi la qualité de l'image. De plus, en IRM les champs utilisés sont moins intenses que dans les grands spectromètres à RMN. Cela entraîne un signal plus faible, et le problème du ratio signal sur bruit est donc d'autant plus important. Il est donc intéressant de regarder la méthode du point fixe dynamique dans le cadre du contrôle optimal pour optimiser le ratio signal sur bruit en un temps donné.

La méthode du point fixe dynamique consiste à faire la mesure à partir d'un point précis M de la boule de Bloch. Pendant la mesure la dissipation amène le système à un point S, à partir duquel on contrôle le système pour le ramener au point M. On répète ensuite la séquence autant de fois que nécessaire. C'est le point S que l'on nomme le point fixe

---

1. Comme nous le verrons par la suite, ce point n'est pas fixe au sens de la théorie des systèmes dynamiques, dans la littérature il est appelé "'steady state'", nous avons décidé de rajouter "'dynamique'" pour insister sur la différence avec un point fixe au sens usuel.

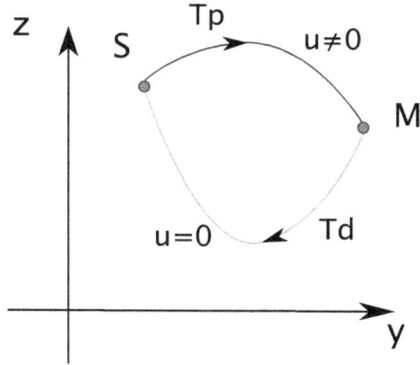

FIGURE 2.17 – Schéma du principe de la méthode du point fixe dynamique. T_d et T_p correspondent respectivement à la durée de la mesure et à celle du contrôle.

dynamique. Ce processus est illustré sur la Fig. 2.17.

Système dynamique

Nous nous restreignons ici au cas à un seul contrôle. Dans ce cas, les équations de Bloch étant invariantes par rotation autour de O_z, nous pouvons réduire l'étude au système suivant :

$$\begin{cases} \dot{y} = -\Gamma y - uz \\ \dot{z} = \gamma(1 - z) + uy \end{cases} \qquad (2.72)$$

De plus, nous travaillons en temps minimum avec un contrôle non-borné. Cela signifie qu'un contrôle de type Bang possède une amplitude virtuellement infinie et que la durée d'un tel contrôle est nulle. Cela signifie également qu'un Bang produit seulement une rotation puisque la dissipation n'a pas le temps d'agir. Inversement, pour amener le système à changer de rayon le seul moyen sera d'utiliser la dissipation avec des durées de contrôle non-nulles. De telles hypothèses sont réalistes en première approximation, car il y a souvent trois ordres de grandeurs entre les temps caractéristiques de la dynamique libre et de la dynamique contrôlée par un Bang.

Le ratio signal sur bruit

Le but de cette étude est d'améliorer le ratio signal sur bruit. Ce dernier provient de divers sources, comme par exemple l'agitation thermique des molécules de l'échantillon ou le bruit électronique intrinsèque à l'équipement électronique. Ce bruit total est modélisé par un bruit blanc.

Le rapport signal sur bruit prend une forme assez spécifique dans notre cas. Notons T le temps total disponible pour toutes les mesures, T_d la durée d'une seule mesure, T_p la durée de la phase de contrôle et N le nombre de boucles. Comme expliqué dans l'introduction sur la RMN, le signal mesuré est en fait la composante transverse de l'aimantation. L'amplitude totale du signal est donc proportionnel à $N y_m$ alors que bruit est proportionnel à $\sqrt{N}$. La durée d'une seule boucle est $t = T_d + T_p$ et la durée totale $T = Nt$. Le ratio signal sur bruit s'écrit :

$$R = \frac{N y_m}{\sqrt{N}} = \frac{\sqrt{T} y_m}{\sqrt{t}} \quad . \tag{2.73}$$

Comme la durée totale T est fixée par les contraintes externes, elle ne peut pas être optimisée. La grandeur à optimiser devient donc :

$$Q = \frac{y_m}{\sqrt{T_p + T_d}} \quad . \tag{2.74}$$

Résumé du problème

Nous cherchons le point fixe dynamique (steady state) $S(y_s, z_s)$ et le point de mesure $M(y_m, z_m)$ tels que :

- La dynamique libre amène le système de M en S en un temps T_d donné.
- La phase de contrôle amène le système de S en M en un temps T_p à optimiser.
- Le ratio signal sur bruit $Q = \frac{y_m}{\sqrt{T_p + T_d}}$ est maximal.

Les paramètres du problème sont Γ, γ et T_d.

2.5.2 Résultats préliminaires

Le système dynamique a la forme $\dot{x} = F + uG$, avec :

$$F = \begin{pmatrix} -\Gamma \\ \gamma(1-z) \end{pmatrix} \quad \text{et} \quad G = \begin{pmatrix} -z \\ y \end{pmatrix} \quad . \tag{2.75}$$

Nous pouvons donc utiliser l'équation (1.18) du chapitre 1 pour obtenir le lieu singulier :

$$\det(G, [F, G]) = 0 \quad \Leftrightarrow \quad \begin{cases} y = 0 \\ z = \dfrac{\gamma}{2(\gamma - \Gamma)} \end{cases} \quad . \tag{2.76}$$

Nous avons deux lignes singulières : la première correspond à l'axe vertical et la deuxième est une ligne horizontale dont la position verticale dépend des paramètres de dissipation. En utilisant l'équation (1.19) du chapitre 1, nous pouvons exprimer les contrôles singuliers sur ces deux lignes. Sur la singulière verticale nous obtenons un contrôle nul :

$$u_s^v = 0 \quad , \tag{2.77}$$

et sur la singulière horizontale nous obtenons un contrôle non-nul :

$$u_s^h(t) = -\frac{(2\Gamma - \gamma)\gamma}{2y(t)(\Gamma - \gamma)} \quad . \tag{2.78}$$

De plus, la dynamique libre peut s'écrire sous la forme :

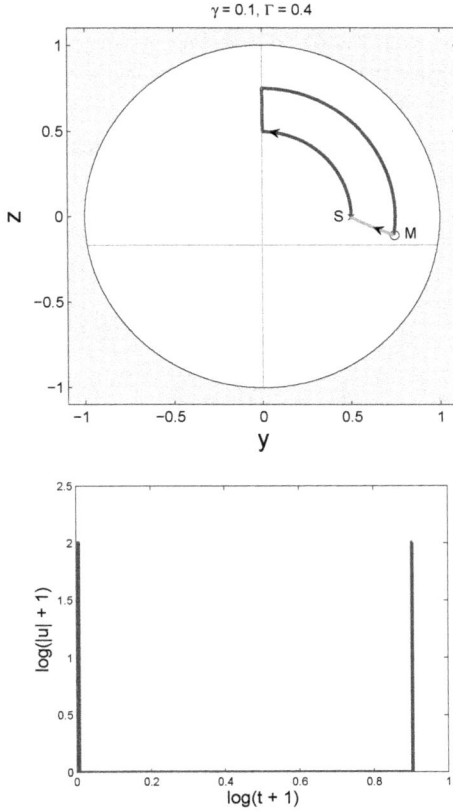

FIGURE 2.18 – Exemple de trajectoire (haut) et de contrôle (bas) solutions du problème du point fixe dynamique. Les lignes singulières sont tracées en rouge, la trajectoire verte correspond à la durée de la mesure, la trajectoire bleue à la phase de contrôle. Les deux bangs correspondent aux deux pics de la figure du bas. Le contrôle singulier est ici le contrôle nul.

$$\begin{cases} y(t) = y(t_0)e^{-\Gamma t} \\ z(t) = (z(t_0) - 1)e^{-\gamma t} + 1 \end{cases} \quad . \tag{2.79}$$

Un exemple de solution est tracé sur la Fig. 2.18. Sur cette figure, la trajectoire verte suit l'équation (2.79). La phase de contrôle est composée d'un premier Bang qui amène le système sur la singulière verticale, puis un contrôle singulier pour atteindre le rayon du point de mesure, puis un deuxième Bang pour retourner en M. Nous venons de voir que le contrôle singulier est nul sur la singulière verticale, celle-ci utilise donc la dissipation qui ramène le système à l'équilibre thermodynamique en $(0, 1)$. Ainsi, cette singulière permet d'augmenter le rayon de l'aimantation. Le contrôle singulier sur la singulière horizontale est non nul, ce qui maintient le système sur le lieu où la dissipation transverse est maximale [21]. Cette singulière permet donc de diminuer le rayon. Si l'on note R_m et R_s les rayons des points M et S, nous avons alors trois cas :

  – $R_s > R_m$: la trajectoire est de la forme Bang-Singulière-Bang (BSB). Elle utilise la singulière horizontale.
  – $R_s < R_m$: la trajectoire est de la forme BSB. Elle utilise la singulière verticale.
  – $R_s = R_m$: la trajectoire est de la forme Bang.

2.5.3   La solution globale

Comme nous l'avons vu plus haut, le coût possède la forme $Q = \frac{y_m}{\sqrt{T_p + T_d}}$. Pour une solution globale nous avons donc besoin d'exprimer y_m et T_p en fonction de la position du point fixe dynamique (y_s, z_s) et des paramètres T_d, γ, Γ. Pour cela, commençons par écrire y_m en fonction du point fixe dynamique avec l'équation (2.79) :

$$\begin{cases} y_m = y_s e^{\Gamma T_d} \\ z_m = (z_s - 1)e^{\gamma T_d} + 1 \end{cases} . \tag{2.80}$$

Pour exprimer T_p, nous utilisons le fait que les seules durées de contrôle non nulles correspondent au temps passé sur les singulières. Considérons le cas qui utilise la singulière verticale. La position initiale sur la singulière est $(0, R_s)$. Ceci est bien visible sur la Fig. 2.18. De même, le point final sur la singulière a pour coordonnées $(0, R_m)$. A l'aide de l'équation (2.79), nous pouvons écrire T_p en fonction de ces rayons :

$$T_p = \frac{1}{\gamma} \ln \frac{R_s - 1}{R_m - 1} . \tag{2.81}$$

Ensuite, nous avons besoin d'exprimer R_m et R_s :

$$\begin{aligned} R_s &= \sqrt{y_s^2 + z_s^2} \\ R_m &= \sqrt{y_s^2 e^{2\Gamma T_d} + ((z_s - 1)e^{\gamma T_d} + 1)^2} \end{aligned} . \tag{2.82}$$

Finalement, en combinant ces résultats nous obtenons pour le cas où $R_s < R_m$:

$$Q(y_s, z_s) = y_s \, \mathrm{e}^{\Gamma T_d} \frac{1}{\sqrt{\ln\left(\left(\dfrac{1-\sqrt{y_s{}^2+z_s{}^2}}{1-\sqrt{y_s{}^2\left(\mathrm{e}^{\Gamma T_d}\right)^2+\left((z_s-1)\mathrm{e}^{\gamma T_d}+1\right)^2}}\right)^{\gamma^{-1}}\right) + T_d}} \qquad (2.83)$$

Dans le cas où $R_s > R_m$, un raisonnement identique avec la singulière horizontale nous

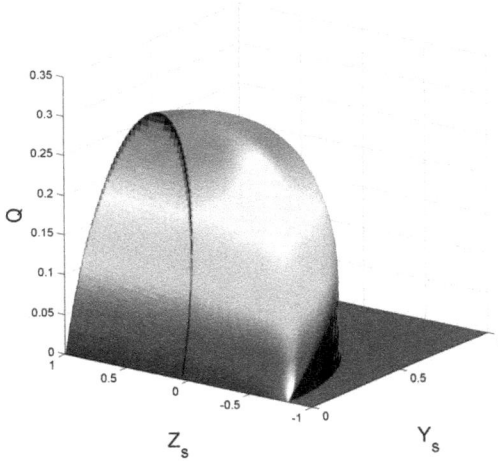

FIGURE 2.19 – Surface du ratio signal sur bruit en fonction de la position du point fixe dynamique pour $T_d = 1$, $\gamma = 0.1$ et $\Gamma = 0.4$. Les parties droite et gauche de la surface correspondent respectivement aux singulières verticale et horizontale.

donne :

$$Q(y_s, z_s) = 2 \, y_s \, \mathrm{e}^{\Gamma T_d} \frac{1}{\sqrt{2 \ln\left(\dfrac{y_s{}^2+z_s{}^2+1/2\,\frac{(2\,\Gamma-\gamma)\gamma}{\Gamma(\Gamma-\gamma)}}{y_s{}^2\left(\mathrm{e}^{\Gamma T_d}\right)^2+\left((z_s-1)\mathrm{e}^{\gamma T_d}+1\right)^2+1/2\,\frac{(2\,\Gamma-\gamma)\gamma}{\Gamma(\Gamma-\gamma)}}\right)^{\Gamma-1} + 4T_d}} \qquad (2.84)$$

Le cas du Bang, $i.e.$ $R_s = R_m$, est bien plus simple, puisque T_p est nul :

$$Q = \frac{y_s \, \mathrm{e}^{\Gamma T_d}}{\sqrt{T_d}} \quad . \qquad (2.85)$$

Les deux premières équations dessinent les deux pans de la surface de la Fig. 2.19. Notons que cette surface est continue mais pas dérivable partout. En effet, elle n'est pas lisse au niveau de la ligne de recollement entre les deux pans de surface. Cette ligne correspond à une durée nulle sur les deux singulières, $i.e.$ un contrôle du type Bang. La solution globale du problème est alors simplement donnée par le maximum de cette surface. Il n'est pas possible d'obtenir la position du point fixe analytiquement, mais on peut l'obtenir numériquement à la précision machine à l'aide des équations (2.84) et (2.83). On observe dans le cas présenté sur la Fig. 2.19 que le maximum semble dans la partie droite de la surface, au voisinage de la ligne de recollement, *i.e.* la solution optimale utilise la singulière verticale mais sur un temps très court. C'est ce qui est généralement constaté, quelles que soient les valeurs des paramètres.

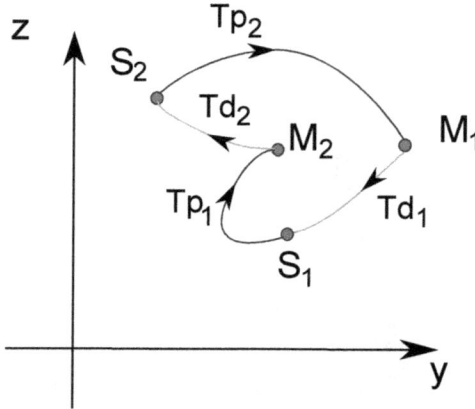

FIGURE 2.20 – Schéma de fonctionnement d'une mesure avec deux points fixes dynamiques.

2.5.4 Conclusion

A partir de ces résultats, nous pouvons donner la position optimale du point fixe dynamique quelles que soient les valeurs des paramètres. C'est une solution globale à la précision machine, ce que l'on ne peut pas obtenir avec des approches numériques. Cependant, le problème général est en fait l'optimisation du ratio signal sur bruit, il serait peut être possible de l'améliorer encore en changeant la structure de l'expérience. Ici, la forme du ratio dépend du fait que l'on considère un seul point fixe dynamique, mais rien n'empêche d'en considérer deux ou plus. La situation avec deux points fixes est illustrée sur la Fig. 2.20. Ce type de structure possède plus de degrés de liberté, ce qui peut aider à dépasser la borne atteinte dans le cas d'un seul point fixe dynamique.

2.6 Étude du schéma STIRAP dans le cadre du contrôle géométrique

2.6.1 Présentation du problème

Cette section fait le lien entre les chapitres deux et trois, dans le sens où nous allons étudier un système quantique avec les outils du contrôle optimal géométrique mais le problème sera résolu grâce à l'intervention des outils d'étude des singularités hamiltoniennes. L'objectif est de palier à l'un des problèmes majeurs de la théorie du contrôle optimal : les solutions ne sont pas robustes en général, dans le sens où elles sont sensibles à de petites variations des paramètres. L'approche qui est choisie ici consiste à étudier un schéma de contrôle bien connu pour sa robustesse : le schéma STIRAP [61] (STImulated Raman Adiabatic Passage). Ce schéma de contrôle permet un transfert de population robuste dans un système à trois niveaux. Cependant, il requiert des contrôles possédant une grande énergie, et le transfert a lieu sur un temps très long. Le processus STIRAP n'est donc pas optimal, que ce soit du point de vue énergétique ou temporel. Il est donc intéressant d'étudier ce processus dans le cadre du contrôle optimal.

Le lien entre les processus adiabatiques [62] et la théorie du contrôle optimal est une question ouverte depuis longtemps. Il a été montré numériquement en 1994 que les contrôles STIRAP ne sont pas solutions du problème optimal qui consiste à maximiser la population de l'état $|3\rangle$ [63]. Une étude plus récente a démontré que l'on peut retrouver les contrôles STIRAP dans le cadre du contrôle optimal [64]. Cependant, cette étude ajoute une contrainte en bornant un des deux contrôles. De plus, elle n'utilise pas le PMP et n'amène pas une compréhension structurelle sur la nature des trajectoires obtenues. Le but de cette section est d'amener un élément de réponse supplémentaire à cette question en utilisant le PMP pour obtenir une vision globale des trajectoires possibles dans un tel système. Ensuite, nous généraliserons cette étude au cas d'un système à quatre niveaux.

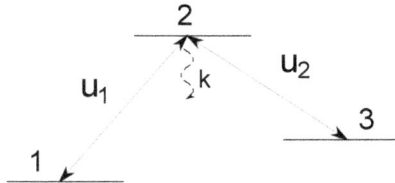

FIGURE 2.21 – Représentation schématique d'un système en Λ avec dissipation sur le niveau médiant.

Considérons un système à trois niveaux en forme de Λ dont la dynamique est gouvernée par l'équation de Schrödinger. Le système est décrit par un état pur $|\psi\rangle$ qui appartient à un espace de Hilbert $\mathcal{H}$, généré par la base $\{|1\rangle, |2\rangle, |3\rangle\}$. La dynamique du système est contrôlée par les lasers pompe et Stokes qui couplent respectivement les états $|1\rangle$ et $|2\rangle$ et les états $|2\rangle$ et $|3\rangle$. L'évolution temporelle est décrite par :

$$i\frac{d}{dt}|\psi(t)\rangle = H(t)|\psi(t)\rangle \ , \tag{2.86}$$

où l'hamiltonien $H(t)$ s'écrit dans l'approximation RWA (rotating wave approximation) de la façon suivante :

$$H(t) = \begin{pmatrix} 0 & u_1(t) & 0 \\ u_1(t) & -ik & -u_2(t) \\ 0 & -u_2(t) & 0 \end{pmatrix} , \tag{2.87}$$

avec $u_1(t)$ et $u_2(t)$ les fréquences de Rabi respectives des lasers pompe et Stokes. L'équation (2.86) est écrite dans un système d'unités tel que $\hbar = 1$. Le paramètre k décrit la dissipation du second niveau. Cette dissipation représente l'émission spontanée vers d'autres niveaux qui ne sont pas pris en compte explicitement. Notons c_1, c_2 et c_3 les coefficients complexes de $|\psi(t)\rangle$ et introduisons les coefficients réels x_i définis par :

$$c_1 = x_1 + ix_4, \ c_2 = x_5 - ix_2, \ c_3 = x_3 + ix_6 . \tag{2.88}$$

En utilisant l'équation (2.86), nous observons que les triplets de coefficients (x_1, x_2, x_3) et (x_4, x_5, x_6) sont découplés. Nous pouvons donc restreindre l'étude aux coefficients (x_1, x_2, x_3), qui décrivent le système à une phase près. Cette phase ne joue aucun rôle dans le transfert de population qui nous intéresse. Cela nous amène au système différentiel réel suivant :

$$\frac{d}{dt} \begin{pmatrix} x_1 \\ x_2 \\ x_3 \end{pmatrix} = \begin{pmatrix} 0 & -u_1 & 0 \\ u_1 & -k & -u_2 \\ 0 & u_2 & 0 \end{pmatrix} \begin{pmatrix} x_1 \\ x_2 \\ x_3 \end{pmatrix} , \tag{2.89}$$

que l'on peut écrire de façon plus réduite :

$$\dot{\vec{x}} = \vec{F}_0(\vec{x}) + u_1 \vec{F}_1(\vec{x}) + u_2 \vec{F}_2(\vec{x}) , \tag{2.90}$$

avec $\vec{x} = (x_1, x_2, x_3)$, $\vec{F}_0 = (0, -kx_2, 0)$, $\vec{F}_1 = (-x_1, x_2, 0)$ et $\vec{F}_1 = (0, -x_2, x_3)$. Le but est de transférer le système de l'état $|1\rangle$ à l'état $|3\rangle$ en évitant la perte de population causée par la dissipation de l'état $|2\rangle$. Dans ces nouvelles coordonnées, cela correspond au passage de $\vec{x}(0) = (1, 0, 0)$ à $\vec{x}(T) = (0, 0, 1)$, où T est la durée totale du contrôle. Ce transfert peut être réalisé avec le schéma STIRAP, dont une des caractéristiques principales est l'ordre contre-intuitif des contrôles : le laser pompe est démarré après le laser Stokes. Nous allons montrer dans la suite qu'il est possible de retrouver ces contrôles contre-intuitifs dans le cadre du contrôle optimal géométrique.

2.6.2 Étude en énergie minimum

Résultats préliminaires

Pour démarrer l'étude, l'idée est d'écrire le problème avec un coût de type énergie minimum. Le processus STIRAP est connu pour être très énergivore comparé aux autres types de contrôles, donc ce coût n'est pas a priori le bon . Ce coût semble toutefois plus adapté qu'un coût de type temps minimum avec une borne sur le contrôle, car les contrôles STIRAP sont continus, et nous avons vu précédement que le coût en temps minimum produit généralement des contrôles discontinus de type Bang-Bang. Même si le coût n'est pas le bon, il nous fournira un cadre pour comprendre la structure du système. Cette compréhension permettra ensuite de construire le coût approprié pour le processus STIRAP. Pour ce système, le coût de type énergie minimum prend la forme suivante :

$$C = \int_0^T [u_1^2(t) + u_2^2(t)]dt \ . \tag{2.91}$$

Après avoir appliqué le PMP nous obtenons le pseudo-hamiltonien :

$$H = -kx_2 p_{x_2} + u_1(x_1 p_{x_2} - x_2 p_{x_1}) + u_2(x_2 p_{x_3} - x_3 p_{x_2}) - \frac{1}{2}\left(u_1^2 + u_2^2\right) \ . \tag{2.92}$$

Les équations de Hamilton prennent la forme suivante :

$$\begin{cases} \dot{x_1} = -u_1 x_2 \\ \dot{x_2} = -kx_2 + u_1 x_1 - u_2 x_3 \\ \dot{x_3} = u_2 x_2 \\ \dot{p_{x_1}} = -u_1 p_{x_2} \\ \dot{p_{x_2}} = kx_2 + u_1 p_{x_1} - u_2 p_{x_3} \\ \dot{p_{x_3}} = u_2 p_{x_2} \end{cases} \ . \tag{2.93}$$

Dans le processus STIRAP, la coordonnée x_2 reste nulle en permanence pour éviter la dissipation et maximiser le transfert de population vers l'état $|3\rangle$. Ces équations nous montrent que ce type de trajectoire est singulier car il implique $\dot{x_1} = \dot{x_3} = 0$, i.e. aucun mouvement n'est possible. Ceci illustre un fait bien connu : il faudrait un temps infini pour réaliser la trajectoire adiabatique exacte.

Pour mettre en valeur les symétries présentes dans cette dynamique, nous avons besoin d'introduire les coordonnées sphériques. Pour être sûr de conserver exactement ce système hamiltonien, nous les introduisons grâce à une transformation canonique. La fonction génératrice de cette transformation s'écrit de la façon suivante :

$$F_2 = p_r \sqrt{x_1^2 + x_2^2 + x_3^2} + p_\theta \arccos(\frac{x_2}{\sqrt{x_1^2 + x_2^2 + x_3^2}}) + p_\phi \arctan\frac{x_3}{x_1} \ . \tag{2.94}$$

Cette transformation s'écrit :

$$\begin{cases} r = \dfrac{\partial F_2}{\partial p_r} \\ \theta = \dfrac{\partial F_2}{\partial p_\theta} \\ \phi = \dfrac{\partial F_2}{\partial p_\phi} \end{cases} \text{et} \quad \begin{cases} p_{x_1} = \dfrac{\partial F_2}{\partial x_1} \\ p_{x_2} = \dfrac{\partial F_2}{\partial x_2} \\ p_{x_3} = \dfrac{\partial F_2}{\partial x_3} \end{cases} , \tag{2.95}$$

qui donne :

$$\begin{cases} x_1 = r \sin\theta \cos\phi \\ x_2 = r \cos\theta \\ x_3 = r \sin\theta \sin\phi \\ p_{x_1} = \sin\theta \cos\phi p_r + \dfrac{\cos\theta \cos\phi}{r} p_\theta - \dfrac{\sin\phi}{r \sin\theta} p_\phi \\ p_{x_2} = \cos\theta p_r - \dfrac{\sin\theta}{r} p_\theta \\ p_{x_3} = \sin\theta \sin\phi p_r + \dfrac{\cos\theta \sin\phi}{r} p_\theta + \dfrac{\cos\phi}{r \sin\theta} p_\phi \end{cases} \quad (2.96)$$

Dans ces coordonnées, le système dynamique prend la forme :

$$\begin{cases} \dot{r} = -kr \cos^2\theta \\ \dot{\theta} = k \sin\theta \cos\theta - u_1 \cos\phi + u_2 \sin\phi \\ \dot{\phi} = \cot\theta (u_1 \sin\phi + u_2 \cos\phi) \end{cases} \quad (2.97)$$

Cette nouvelle forme des équations incite à faire un changement de variable sur les contrôles :

$$\begin{cases} v_1 = -u_1 \cos\phi + u_2 \sin\phi \\ v_2 = -u_1 \sin\phi - u_2 \cos\phi \end{cases} \quad \text{et} \quad v_1^2 + v_2^2 = u_1^2 + u_2^2 . \quad (2.98)$$

Notons que ce changement de variable préserve la forme du coût. L'hamiltonien effectif devient :

$$H = -k\,r\cos^2\theta p_r + k \cos\theta \sin\theta p_\theta + v_1 p_\theta - v_2 \cot\theta p_\phi - \frac{1}{2}(v_1^2 + v_2^2) . \quad (2.99)$$

Comme nous n'avons aucune contrainte sur les contrôles, la condition de maximisation mène à :

$$\frac{\partial H}{\partial v_1} = 0 \quad \text{et} \quad \frac{\partial H}{\partial v_2} = 0 , \quad (2.100)$$

ce qui nous donne directement :

$$v_1 = p_\theta \quad \text{et} \quad v_2 = -\cot\theta p_\phi . \quad (2.101)$$

En injectant ces contrôles dans l'hamiltonien, nous obtenons :

$$H = -k\,r\cos^2\theta p_r + k \cos\theta \sin\theta p_\theta + \frac{1}{2}p_\theta^2 + \frac{1}{2}\cot^2\theta p_\phi^2 . \quad (2.102)$$

On observe que p_ϕ est une constante du mouvement puisque l'hamiltonien ne dépend pas de ϕ. On peut noter en inversant l'équation (2.96) que cette constante s'écrit en coordonnées cartésiennes $p_\phi = x_1 p_{x_3} - x_3 p_{x_1}$. Il existe une autre constante du mouvement, que nous met-

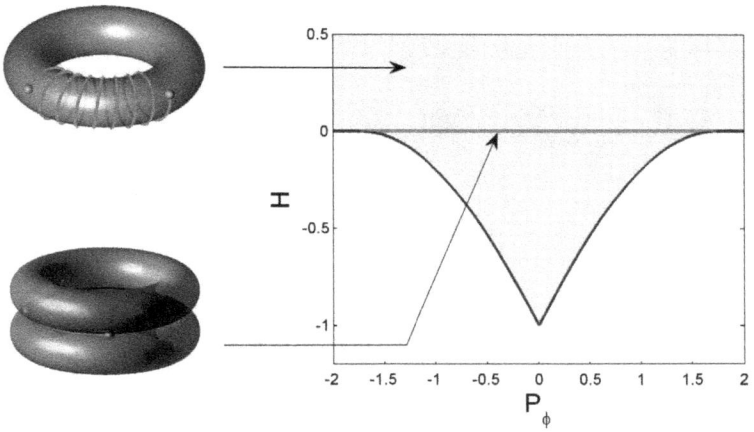

FIGURE 2.22 – (droite) : Diagramme énergie-moment pour un coût de type énergie minimum. La ligne rouge correspond aux positions des bitores, les régions grises correspondent
à des tores réguliers. (gauche) : Une trajectoire oscillante produite par le coût en énergie
minimum est représentée sur un tore régulier. La trajectoire adiabatique idéale appartient au
tore singulier, mais elle ne peut être atteinte avec le coût en énergie minimum. Les valeurs
numériques sont $k = p_\rho = 1$.

tons en valeur grâce à une autre transformation canonique, définie par la fonction génératrice :

$$F_2 = p_r e^{\rho} \quad \Rightarrow \quad \begin{cases} p_{\rho} = \dfrac{\partial F_2}{\partial \rho} = p_r e^{\rho} \\[2mm] r = \dfrac{\partial F_2}{\partial p_r} = e^{\rho} \end{cases} . \tag{2.103}$$

Finalement, l'hamiltonien se réduit à :

$$H = -k \, p_{\rho} \cos^2 \theta + k \cos \theta \sin \theta p_{\theta} + \frac{1}{2} (p_{\theta}^2 + \cot^2 \theta p_{\phi}^2) , \tag{2.104}$$

ce qui rend évident le fait que p_{ρ} est également une constante du mouvement. Nous avons trois constantes du mouvement : (H, p_{ϕ}, p_{ρ}), ce système est donc intégrable au sens de Liouville. De plus, comme la dynamique de $(\theta, \phi, p_{\theta}, p_{\phi})$ ne dépend pas de ρ on peut travailler sur la projection du système sur la sphère avec les constantes (H, p_{ϕ}), en considérant p_{ρ} comme un paramètre. Nous avons donc un sytème hamiltonien intégrable à deux dimensions, que nous pouvons étudier du point de vue des singularités hamiltoniennes. Nous allons commencer par tracer le diagramme énergie-moment. Nous avons vu dans le chapitre 1 que cela revient à chercher les valeurs du couple (H, p_{ϕ}) telles que les 1-formes dH et dp_{ϕ} sont colinéaires. En d'autres termes, nous cherchons les points pour lesquels la matrice suivante est de rang strictement inférieur à 2 :

$$M = \begin{pmatrix} k \sin \theta \, \cos \theta + p_{\theta} & 0 \\ \cot^2 \theta \, p_{\phi} & 1 \\ k p_{\rho} \sin(2\theta) + k \cos(2\theta) p_{\theta} - \frac{\cos \theta}{\sin^3 \theta} p_{\phi}^2 & 0 \\ 0 & 0 \end{pmatrix} . \tag{2.105}$$

Pour que le rang soit inférieur à 2 nous avons deux possibilités : la première est $(\theta = \pi/2, p_{\theta} = 0)$, ce qui dessine la ligne $H = 0$ sur la Fig. 2.22, la deuxième est :

$$p_{\theta} = -k \sin \theta \cos \theta$$
$$p_{\phi} = \pm \sqrt{\frac{\sin^3 \theta}{\cos \theta} (k p_{\rho} \sin(2\theta) + k \cos(2\theta) p_{\theta})} ,$$

ce qui produit le bord du diagramme de la Fig. 2.22.

Réduction singulière

Pour obtenir des informations plus précises sur la nature des tores nous allons effectuer une réduction singulière avec les outils du premier chapitre. Nous avons vu précédemment que nous pouvons travailler sur la dynamique projetée sur la sphère avec $r \cdot Pr$ comme paramètre. En cartésien cela donne les deux contraintes :

$$x_1^2 + x_2^2 + x_3^2 = 1 \quad \text{et} \quad x_1 p_{x_1} + x_2 p_{x_2} + x_3 p_{x_3} = p_{\rho} . \tag{2.106}$$

Nous allons travailler sur le flot de la constante du mouvement $p_\phi = x_1 p_{x_3} - x_3 p_{x_1}$. Nous avons besoin de 6 polynômes invariants, puisque nous sommes dans un espace des phases de dimension 6. On peut vérifier facilement que les polynômes suivants sont invariants sous le flot de p_ϕ [33] :

$$
\begin{aligned}
\pi_1 &= x_2 \\
\pi_2 &= p_{x_2} \\
\pi_3 &= x_1 p_{x_3} - x_3 p_{x_1} (= p_\phi) \\
\pi_4 &= p_{x_1}^2 + p_{x_3}^2 \\
\pi_5 &= x_1^2 + x_3^2 \\
\pi_6 &= x_1 p_{x_1} + x_3 p_{x_3}
\end{aligned}
\tag{2.107}
$$

Ces polynômes satisfont à l'équation de l'espace des phases réduit :

$$
\pi_6^2 + \pi_3^2 = \pi_4 \pi_5 \ .
\tag{2.108}
$$

Et l'hamiltonien devient :

$$
H = -k\pi_1 \pi_2 + \frac{1}{2} \left(\pi_1^2 \pi_4 + \pi_2^2 \pi_5 - 2\pi_1 \pi_2 \pi_6 \right) \ .
\tag{2.109}
$$

En utilisant les contraintes de l'équation (2.106) ces deux équations deviennent :

$$
(p_\rho - \pi_1 \pi_2)^2 + \pi_3^2 = \pi_4 (1 - \pi_1^2) \ ,
\tag{2.110}
$$

$$
H = -(k + p_\rho)\pi_1 \pi_2 + \frac{1}{2} \left(\pi_1^2 \pi_4 + \pi_2^2 \pi_1^2 + \pi_2^2 \right) \ .
\tag{2.111}
$$

En fixant $\pi_3 (= p_\phi)$ on obtient alors deux surfaces dans l'espace (π_1, π_2, π_4). Un exemple d'intersection pour des valeurs de H et p_ϕ correspondant à la ligne singulière est présentée sur la Fig. 2.23. Cette forme en huit est réminiscente d'un type de tore particulier, le bitore, que l'on peut observer sur la Fig. 2.22. Nous observons sur la Fig. 2.23 que la ligne de recollement, *i.e.* le nœud du huit, correspond à $x_2 = p_{x_2} = 0$. La trajectoire du processus STIRAP se trouve donc sur la ligne de recollement du bitore. Nous avons vu précédemment que la trajectoire STIRAP idéale est en fait stationnaire. Pour réaliser le transfert en temps fini, il faudrait donc suivre une trajectoire parallèle au cercle de recollement, à très faible distance de celui-ci. Mais dans ce cas précis, une étude des trajectoires existantes sur le bitore montrent que ce n'est pas possible. En effet, le cercle de recollement correspond à un ensemble de points fixes stables qui attirent toutes les trajectoires. Ceci est illustré sur la Fig. 2.23 qui présente quelques trajectoires partant de différents points d'un bitore. Toutes ces trajectoires sont attirées par l'ensemble des points tels que $x_2 = p_{x_2} = 0$. De plus, toutes les trajectoires sur les tores réguliers vont s'enrouler autour du tore en produisant ainsi des trajectoires oscillantes, comme le montre la Fig. 2.22. Ceci inclut les tores réguliers à proximité de la

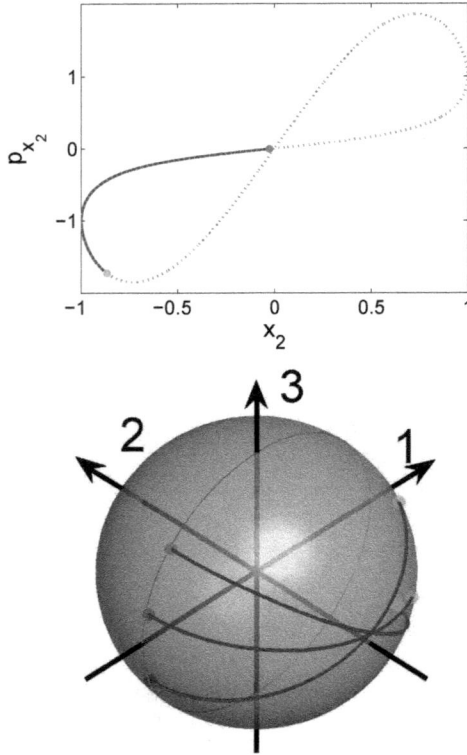

FIGURE 2.23 – (haut) : Projection dans le plan (π_1, π_2) de la trajectoire (bleue) sur un point de la ligne singulière pour $H = 0$, $p_\rho = 10$, $p_\phi = 4$. La ligne en pointillés rouge est la projection du bitore dans ce plan. Les points vert et rouge signalent respectivement le début et la fin de la trajectoire. (bas) : Projection sur la sphère de la trajectoire correspondante, ainsi que d'autres exemples de trajectoires de la même famille. Toutes ces trajectoires sont rapidement attirées vers une superposition des états $|1\rangle$ et $|3\rangle$ pour lesquels la dissipation est nulle.

H	p_ϕ	T	Freq.	Amp.	$x_3^2(T)$
0	0.1	4	0	1.7	10^{-7}
0.33	15	30	1.5	1.26	0.82
0.4	45	8	1.5	4.23	0.93
4.6	30	10	50	9.81	0.98

TABLE 2.1 – Caractéristiques de différentes solutions extrémales issues du PMP avec le coût en énergie-minimum. Les colonnes Freq. et Amp. indiquent respectivement la fréquence et l'amplitude moyenne des contrôles.

ligne de bitore.

Ces différents points se retrouvent en propageant numériquement les équations du mouvement. Un exemple de solution sur un tore régulier est présenté sur la Fig. 2.24. Notons le comportement oscillant de cette solution, qui est loin du comportement monotone attendu pour une trajectoire adiabatique. Ces oscillations ne permettent pas d'éviter complètement les pertes sur le niveau intermédiaire et la population finale de l'état $|3\rangle$ est seulement de 0.82.

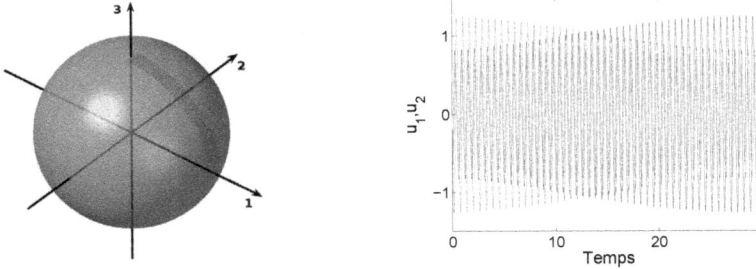

FIGURE 2.24 – Exemple de trajectoire avec le coût en énergie minimum et les contrôles associés. Les valeurs des paramètres sont $k = 1$ et $T = 30$. Les valeurs des constantes du mouvement sont $H = 0.33$, $p_\phi = 15$ et $p_p = 69$. Cette trajectoire oscillante est typique d'un tore régulier.

Une étude numérique systématique montre que la fréquence des oscillations augmente si l'amplitude du contrôle augmente, comme nous pouvons le voir dans le tableau 2.1. Nous observons que le transfert de population est effectivement meilleur si l'amplitude augmente, mais comme la fréquence augmente également, cela reste très éloigné d'un contrôle de type STIRAP. D'un autre côté, si nous essayons de réduire la fréquence des oscillations en restant près du tore singulier, alors il est impossible d'atteindre la cible, comme l'illustre la première ligne du tableau 2.1. Nous pouvons donc conclure que la limite des hautes énergies ne permet pas de retrouver les contrôles STIRAP. L'autre limite intuitive est la limite des temps longs, mais cela n'améliore pas le transfert de population, comme nous pouvons le voir en comparant les lignes deux et trois du tableau 2.1. Ainsi, il est clair que les trajectoires de type STIRAP ne sont pas des solutions intrinsèques de ce problème. Un coût particulier doit être choisi pour retrouver le processus STIRAP.

2.6.3 Coût STIRAP

L'étude présentée jusqu'ici a permis de comprendre que le coût en énergie minimum implique une structure de l'espace des phases qui ne possède pas des trajectoires de type STIRAP. Par contre, nous avons également caractérisé la trajectoire recherchée : elle reste à distance faible et constante de la singularité physique du système, $i.e.$ $x_2 = 0$. Il nous suffit donc de construire un coût qui limite les oscillations autour de la singularité. En coordonnées sphériques, cela se traduit par :

$$\int \dot{\theta}^2 = \int (k \sin \theta \, \cos \theta + v_1)^2 \, . \qquad (2.112)$$

L'hamiltonien devient :

$$H = -k \, r \cos^2 \theta p_r + k \cos \theta \sin \theta p_\theta + v_1 p_\theta - v_2 \cot \theta p_\phi - \frac{1}{2}(k \sin \theta \, \cos \theta + v_1)^2 \, . \qquad (2.113)$$

Comme le coût dépend seulement de v_1 on maximise l'hamiltonien par rapport à v_1 en laissant v_2 libre [2]. On obtient $v_1 = p_\theta - k \sin \theta \, \cos \theta$ que l'on remplace dans l'hamiltonien :

$$H = -krp_r \cos^2 \theta + \frac{1}{2}p_\theta^2 - v_2 \cot \theta p_\phi \, . \qquad (2.114)$$

Les équations du mouvement deviennent :

$$\begin{cases} \dot{r} = -kr \cos^2 \theta \\ \dot{\theta} = p_\theta \\ \dot{\phi} = -\cot \theta \, v_2 \\ \dot{p_r} = kp_r \cos^2 \theta \\ \dot{p_\theta} = -2krp_r \sin \theta \cos \theta - \dfrac{p_\phi}{\sin^2 \theta} v_2 \\ \dot{p_\phi} = 0 \end{cases} \qquad (2.115)$$

De ces équations, nous déduisons directement que les solutions $p_\theta = 0$ minimisent le coût. Sur ce type de trajectoire, θ est constant par construction. De plus, nous pouvons déduire v_2 à partir de $\dot{p_\theta} = 0$:

$$v_2 = -\frac{2krp_r \sin^3 \theta \cos \theta}{p_\phi} \, . \qquad (2.116)$$

---

2. Si on maximise l'hamiltonien par rapport à v_2 on obtient $\dot{\phi} = 0$

Notons que ce contrôle ne dépend que de grandeurs constantes. Un autre point remarquable apparaît si l'on considère la matrice $M = (\nabla H, \nabla p_\phi)$:

$$M = \begin{pmatrix} p_\theta & & 0 \\ \cot\theta\, v_2 & & 1 \\ krp_r \sin(2\theta) + v_2 \frac{p_\phi}{\sin^2\theta} & & 0 \\ 0 & & 0 \end{pmatrix}.$$

On observe que cette valeur de v_2 est exactement celle qui correspond à une chute de rang de cette matrice. Cependant, contrairement au cas énergie-minimum, cette singularité n'est plus un point fixe et peut donc être utilisée pour réaliser le transfert de population.

Une dernière remarque est nécessaire pour résoudre numériquement ce problème : si on note T et τ respectivement la durée totale du transfert et le temps typique de dissipation, nous devons garder T très inférieur à τ. Comme $\tau = \frac{1}{k\cos^2\theta}$ et $T = \left| \frac{\pi}{2v_2\cot\theta} \right|$, les moments initiaux doivent respecter la condition :

$$\left| \frac{\pi p_\phi}{4 r p_r \sin^2\theta} \right| \ll 1 . \tag{2.117}$$

On obtient alors des trajectoires de la forme de celle présentée en Fig. 2.25. Contrairement au

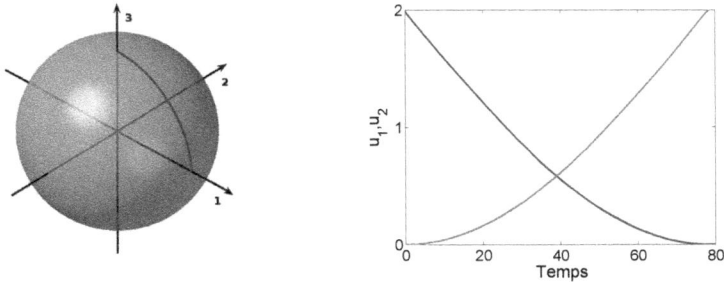

FIGURE 2.25 – (gauche) : Exemple de trajectoire avec le coût approprié qui produit les contrôles contre-intuitifs typiques du processus STIRAP. (droite) : Contrôles correspondant à la trajectoire adiabatique. Les contrôles u_1 et u_2 sont respectivement en rouge et bleu. Les valeurs des paramètres sont $k = 1$ et $T = 80$.

cas énergie-minimum, cette trajectoire n'oscille pas. De plus, les contrôles u_1 et u_2 possèdent la caractéristique principale des contrôles STIRAP : ils sont contre-intuitifs dans le sens où le laser pompe est allumé après le laser Stokes.

2.6.4 Extension à un système à quatre niveaux

Ce raisonnement peut s'étendre à des systèmes similaires, comme nous allons le montrer en l'appliquant à un système à quatre niveaux avec une structure en tripod [65], représenté sur la Fig. 2.26. Comme le but est seulement d'illustrer la possibilité d'extension du raisonnement, nous n'allons pas détailler toutes les étapes. Nous allons nous contenter de montrer le point clef : l'intégrabilité du système hamiltonien issu du PMP. Ensuite, nous donnerons un exemple numérique de trajectoire adiabatique. La dynamique de ce système est décrite par l'hamiltonien :

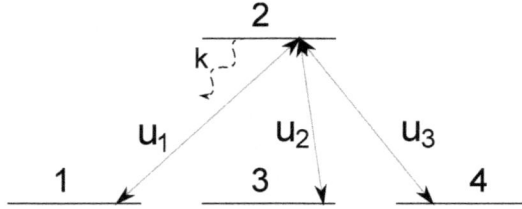

FIGURE 2.26 – Représentation schématique d'un système quantique à quatre niveaux à la structure en tripod.

$$H = \begin{pmatrix} 0 & u_1 & 0 & 0 \\ u_1 & -ik & -u_2 & -u_3 \\ 0 & -u_2 & 0 & 0 \\ 0 & -u_3 & 0 & 0 \end{pmatrix}, \qquad (2.118)$$

où u_1, u_2 et u_3 correspondent respectivement au laser pompe et aux deux lasers Stokes. Le but est ici de transférer la population de l'état $|1\rangle$ à une superposition des états $|3\rangle$ et $|4\rangle$, tout en évitant de peupler l'état $|2\rangle$. Nous débutons l'étude avec un coût en énergie minimum pour vérifier si la structure du problème est bien la même que précédemment.

$$C = \int_0^T [u_1^2(t) + u_2^2(t) + u_3^2(t)]dt . \qquad (2.119)$$

Le pseudo-hamiltonien du PMP devient :

$$H = -kx_2p_{x_2} + u_1(x_1p_{x_2} - x_2p_{x_1}) + u_2(x_2p_{x_3} - x_3p_{x_2})$$
$$+ u_3(x_2p_{x_4} - x_4p_{x_2}) - \frac{1}{2}(u_1^2 + u_2^2 + u_3^2) . \qquad (2.120)$$

Introduisons les coordonnées sphériques :

$$\begin{cases} x_1 = r\cos\theta_1\sin\theta_2 \\ x_2 = r\cos\theta_2 \\ x_3 = r\sin\theta_1\sin\theta_2\cos\theta_3 \\ x_4 = r\sin\theta_1\sin\theta_2\sin\theta_3 \end{cases} . \qquad (2.121)$$

Le système dynamique prend la forme suivante :

$$
\begin{cases}
\dot{r} = -\, kr\cos^2\theta_2 \\[2mm]
\dot{\theta}_1 = u_1\sin\theta_1\cot\theta_2 + u_2\dfrac{\cos\theta_2\cos\theta_1\cos\theta_3}{\sin\theta_2} \\[2mm]
\qquad + u_3\cot\theta_2\cos\theta_1\sin\theta_3 \\[2mm]
\dot{\theta}_2 = k\sin\theta_2\cos\theta_2 - u_1\cos\theta_1 + u_2\sin\theta_1\cos\theta_3 \\[2mm]
\qquad + u_3\sin\theta_1\sin\theta_3 \\[2mm]
\dot{\theta}_3 = -\, u_2\dfrac{\cos\theta_2\sin\theta_3}{\sin\theta_1\sin\theta_2} + u_3\dfrac{\cos\theta_2\cos\theta_3}{\sin\theta_1\sin\theta_2}
\end{cases}
\tag{2.122}
$$

En utilisant les rotations suivantes sur les contrôles :

$$
\begin{cases}
v_2 & = & u_2\cos\theta_3 + u_3\sin\theta_3 \\[1mm]
v_3 & = & -u_2\sin\theta_3 + u_3\cos\theta_3
\end{cases} ,
\tag{2.123}
$$

et

$$
\begin{cases}
w_1 & = & u_1\sin\theta_1 + v_2\cos\theta_1 \\[1mm]
w_2 & = & -u_1\cos\theta_1 + v_2\sin\theta_1
\end{cases} ,
\tag{2.124}
$$

l'hamiltonien devient :

$$
\begin{aligned}
H = &-\, k\, r\cos^2\theta_2\, p_r + k\cos\theta_2\sin\theta_2 p_{\theta_2} + w_1\cot\theta_2 p_{\theta_1} \\
&+ w_2 p_{\theta_2} + v_3\frac{\cot\theta_2}{\sin\theta_1}p_{\theta_3} - \frac{1}{2}(w_1^2 + w_2^2 + v_3^2) .
\end{aligned}
\tag{2.125}
$$

L'analyse en terme de singularités hamiltoniennes peut être réalisée de la même façon que précédemment. En effet, cet hamiltonien est intégrable puisqu'il possède quatre constantes du mouvement : H, $L_1 = x_3 p_{x_4} - x_4 p_{x_3}$, $L_3 = x_1 p_{x_4} - x_4 p_{x_1}$ et $L_4 = x_1 p_{x_3} - x_3 p_{x_1}$. Là encore, la trajectoire adiabatique correspond à un tore singulier de l'espace des phases. Cependant, il s'agit cette fois d'un tore T^4 plongé dans un espace des phases de dimension huit, ce qui empêche toute représentation en trois dimensions. De la même façon que dans le cas STIRAP, la trajectoire obtenue avec un coût en énergie minimum oscille autour de $\theta_2 = \pi/2$. En suivant la même procédure, nous introduisons un nouveau coût pour limiter les oscillations :

$$
C = \int_0^T \dot{\theta}_2^2 dt = \int_0^T (k\sin\theta_2\cos\theta_2 + w_2)^2 dt .
\tag{2.126}
$$

En insérant ce coût dans l'hamiltonien et en optimisant par rapport à w_2, nous obtenons :

$$
w_2 = p_{\theta_2} - k\sin\theta_2\cos\theta_2 ,
\tag{2.127}
$$

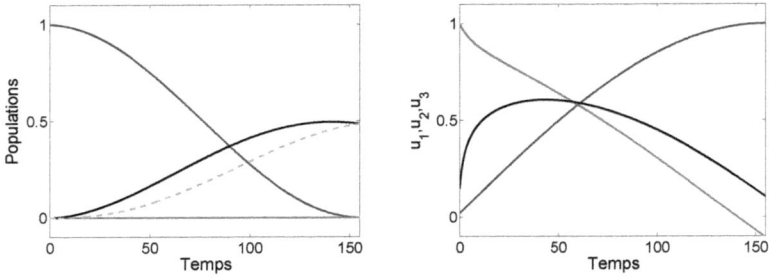

FIGURE 2.27 – Exemple de solution optimale qui suit une évolution adiabatique et mène à la superposition des états $|3\rangle$ et $|4\rangle$. (gauche) : Evolution des populations des différents états $|1\rangle$, $|2\rangle$, $|3\rangle$ et $|4\rangle$, respectivement en bleu, rouge, noir et vert. (droite) : Les fréquences de Rabi des lasers pompe, Stokes 1 et Stokes 2 sont représentées respectivement en bleu, rouge et noire. Les valeurs numériques sont $p_\rho = 100$, $w_1 = k = 1$.

et l'hamiltonien devient finalement :

$$H = -krp_r \cos^2 \theta_2 + \frac{1}{2}p_{\theta_2}^2 + w_1 \cot \theta_2 p_{\theta_1} + v_3 \frac{\cot \theta_2 p_{\theta_3}}{\sin \theta_1} \ . \tag{2.128}$$

On peut alors vérifier *via* les équations du mouvement que la solution $p_{\theta_2}(t) = 0$ minimise le coût C. En conséquence, nous avons θ_2 constant sur ce type de trajectoire et nous obtenons une relation entre v_3 et w_1 à partir de $\dot{p}_{\theta_2} = 0$:

$$v_3 = (2krp_r \cos \theta_2 \sin^3 \theta_2 - w_1 p_{\theta_1}) \frac{\sin \theta_1}{p_{\theta_3}} \ . \tag{2.129}$$

Ainsi, en adaptant la valeur de w_1 et celles des moments initiaux nous pouvons atteindre n'importe quelle superposition des états $|3\rangle$ et $|4\rangle$. Par exemple, en prenant w_1 constant tel que $w_1 = 1$ et $rp_r = 100$, $p_{\theta_1}(0) = 16.85$, $p_{\theta_2}(0) = 0$, $p_{\theta_3}(0) = -1$, nous obtenons une répartition égale des populations finales entre les états $|3\rangle$ et $|4\rangle$, comme le montre la Fig. 2.27. On observe encore une fois un ordre contre-intuitif des contrôles.

2.6.5 Considérations sur la robustesse et conclusion

Le contrôle STIRAP est connu pour sa robustesse vis-à-vis des fluctuations des paramètres pendant la durée du contrôle. L'étude que nous venons de faire permet de montrer que ce contrôle possède un autre type de robustesse : la robustesse vis-à-vis des incertitudes sur la préparation de l'état initial. En d'autres termes, la question est de savoir si contrôle sera également efficace si l'état initial n'est pas exactement celui désiré.

Pour montrer cette robustesse, on considère la stabilité de Lyapunov du point $\theta = \pi/2$.

On utilise la fonction de Lyapunov :

$$V = \cos^2 \theta, \quad V(\theta = \pi/2) = 0, \quad \forall t, V \geq 0 \,,$$

telle que

$$\frac{dV}{dt} = -2\dot{\theta}\cos\theta\sin\theta = -2\cos\theta\sin\theta(k\cos\theta\sin\theta + v_1) \,.$$

Donc si $v_1 = 0$ ce point est asymptotiquement stable au sens de Lyapunov. De plus, notre étude donne $v_1 = p_\theta - k\cos\theta\sin\theta$ et $p_\theta = 0$, ce qui implique $dV/dt = 0$: le système contrôlé est stable au sens de Lyapunov, *i.e.* il va rester dans un voisinage du point $\theta = \pi/2$ mais pas nécessairement exactement sur ce point. C'est exactement ce que l'on recherchait : une trajectoire proche de la singularité mais pas exactement dessus pour permettre un transfert en temps fini. De plus, toute trajectoire dont le point initial se situe dans un voisinage de $\theta = \pi/2$ va rester dans ce voisinage. Cela signifie que si l'état initial n'est pas exactement celui demandé, mais qu'il est toutefois suffisamment proche, alors cela n'influera quasiment pas sur la qualité du transfert.

Cette étude soulève une autre question : le lien entre la robustesse du contrôle et la présence de tores singuliers. Il n'était pas évident *a priori* que ces tores joueraient un rôle dans cette étude. Il serait donc intéressant de mener une étude plus approfondie sur ce point.

Nous avons atteint l'objectif que nous nous étions fixé : nous avons obtenu un coût qui permet d'obtenir les trajectoires STIRAP dans le cadre du contrôle optimal géométrique. Nous avons également appris que la trajectoire adiabatique se situe sur une singularité du système hamiltonien. L'objectif suivant pourrait être de relier la présence de singularités hamiltoniennes à la robustesse des contrôles optimaux obtenus.

Chapitre 3

Influence des singularités Hamiltoniennes en optique non-linéaire

3.1 Introduction à l'optique non-linéaire dans les fibres optiques

D E nos jours la quasi-totalité des lignes internet intercontinentales est constituée de fibres optiques. Cette technologie est donc vitale pour l'internet mondial, sans compter que les fibres optiques sont également de plus en plus utilisées pour amener la toile jusqu'aux particuliers. De plus, les fibres optiques sont également utilisées pour les autres réseaux de télécommunication comme le téléphone ou la télévision. Étant donné que ces moyens de communication ont révolutionné la société moderne sur de nombreux plans, on peut sans aucun doute affirmer que la fibre optique est l'une des technologies essentielles de notre société.

3.1.1 Contexte

Depuis la démonstration théorique (1964), puis expérimentale (1966), de la possibilité d'utiliser des fibres de verre pour transporter l'information sur de longues distances, de nombreuses études ont permis d'améliorer cette technologie. Notamment en utilisant les effets non-linéaires connus depuis longtemps, comme l'effet Kerr (1875) et l'effet Raman (1928). L'effet Raman [66] est, par exemple, à l'origine de la création d'amplificateurs permettant d'augmenter l'amplitude de l'onde pour des fréquences données. Divers progrès technologiques de ce type ont permis d'améliorer grandement le contrôle de l'intensité d'une onde. Par contre, relativement peu de progrès ont été obtenus pour le contrôle de la polarisation de l'onde optique. Les polariseurs standards sont basés sur une projection de la polarisation sur un état de polarisation spécifique et entraînent en moyenne 50% de perte d'énergie. De plus, un signal d'intensité constante, mais dont la polarisation varie, va se transformer en sortie d'un tel polariseur en un signal de polarisation constante, mais d'intensité variable.

Ces fluctuations d'intensité ne sont pas souhaitables en télécommunication puisque l'information est encodée dans des variations d'intensité. C'est pourquoi l'étude des phénomènes non-linéaires liés au contrôle de la polarisation possède un grand intérêt, tant du point de vue fondamental qu'industriel. Nous allons donc commencer par rappeler dans cette section les équations régissant l'évolution de la polarisation dans les fibres optiques, puis dans les sections suivantes nous présenterons divers résultats sur le contrôle de la polarisation qui ont été obtenus durant cette thèse [67, 68, 69].

3.1.2 La fibre optique

Une fibre optique possède plusieurs couches de diélectrique comme le montre le schéma de la Fig. 3.1. Au centre se trouve le coeur, généralement en silice dopée au germanium ou potassium. Il est entouré par une gaine également en silice, mais non dopée, de telle sorte que l'indice du coeur soit supérieur à celui de la gaine. Enfin, on place souvent une couche de plastique protecteur par-dessus. C'est la différence d'indice entre le coeur et la gaine qui permet de conserver la lumière dans le coeur.

À cause des imperfections de fabrication, le coeur de la gaine ne peut pas être parfaitement circulaire. Cette légère ellipticité entraîne une biréfringence résiduelle aléatoire qui varie typiquement sur quelques dizaines de mètres, ce qui empêche la conservation de la polarisation sur de longues distances.

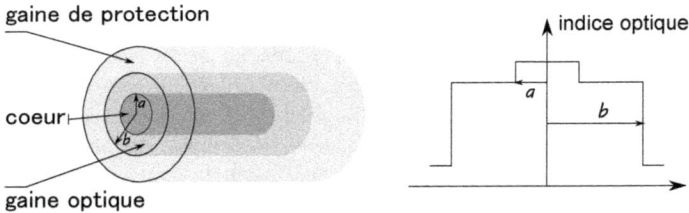

FIGURE 3.1 – (gauche) : Illustration schématique d'une fibre optique, avec a le rayon du coeur et b le rayon de la gaine. (droite) : Variation d'indice en fonction du rayon dans une fibre à saut d'indice.

3.1.3 Équation de propagation générale

Lorsqu'un champ électrique $\vec{E}$ (S.I. : N/C ou V/m) se propage dans un diélectrique tel que la silice des fibres optiques, les atomes du matériau acquièrent un moment dipolaire électrique. En effet, sous l'action du champ les nuages électroniques se déplacent éloignant ainsi le barycentre des charges négatives du barycentre des charges positives. La somme macroscopique de tous ces dipôles microscopiques $\vec{p}_i$ par unité de volume définit le champ de polarisation $\vec{P} = \sum_i \vec{p}_i/\text{Volume}$ (S.I : C/m^2).

La propagation d'un champ électromagnétique classique est régie par les équations de

Maxwell, lesquelles deviennent dans un diélectrique :

$$\nabla(\epsilon_0 \vec{E} + \vec{P}) = 0 \tag{3.1a}$$

$$\nabla \vec{B} = 0 \tag{3.1b}$$

$$\nabla \times \vec{E} = -\frac{\partial \vec{B}}{\partial t} \tag{3.1c}$$

$$\nabla \times \vec{B} = \mu_0 \epsilon_0 \frac{\partial \vec{E}}{\partial t} + \mu_0 \frac{\partial \vec{P}}{\partial t} \quad . \tag{3.1d}$$

avec ϵ_0 la permittivité du vide (S.I. : $8.85 \times 10^{-12} C^2 N^{-1} m^{-2}$) et μ_0 la perméabilité du vide (S.I. : $4\pi 10^{-7} V A^{-1} sm^{-1}$). L'influence des charges des atomes est inclue dans les termes de polarisation, qui jouent le rôle de termes de sources dans ces équations. Puisqu'il est impossible d'écrire simplement la forme de la somme $\sum_i \vec{p}_i$ pour obtenir la forme du champ de polarisation, nous devons faire un certain nombre d'hypothèses et en déduire la forme la plus générale possible. D'abord, remarquons que le champ électrique propagatif E est toujours d'amplitude très faible comparé au champ électrique local E_l reliant les électrons au noyau. Il est donc justifié de considérer le champ propagatif comme une perturbation que l'on peut développer à l'ordre voulu :

$$P = \sum_n c_n \left(\frac{E}{E_l}\right)^n \quad . \tag{3.2}$$

Ensuite, il est assez intuitif de considérer les hypothèses suivantes : *localité, homogénéité, causalité* et *invariance par translation dans le temps.* [1] Ces différentes conditions permettent d'écrire le terme d'ordre (n) du développement sous la forme :

$$\vec{P}^{(n)}(\vec{r},t) = \epsilon_0 \int_0^\infty ... \int_0^\infty \chi^{(1)}(\tau_1,...,\tau_n)\vec{E}(\vec{r},t-\tau_1)...\vec{E}(\vec{r},t-\tau_n)\mathrm{d}\tau_1...\mathrm{d}\tau_n \tag{3.3}$$

avec chaque terme dépendant de $\chi^{(n)}$, que l'on nomme tenseur de *susceptibilité électrique* d'ordre n. En pratique, on s'arrête à l'ordre deux ou trois du développement selon la géométrie du milieu. La physique non-linéaire est bien sûr très différente selon les ordres considérés. On s'arrête à l'ordre deux dans des milieux asymétriques comme certains cristaux, en revanche les fibres optiques étant centrosymétriques, le terme d'ordre deux est nul et nous devons aller jusqu'à l'ordre trois. Pour mettre en valeur les rôles respectifs des termes linéaire et

---

1. La localité signifie que la polarisation en un point $\vec{r}$ de l'espace dépend uniquement de la valeur du champ électrique au même point $\vec{r}$. La réponse est homogène dans l'espace, dans le sens où si aucune direction n'est favorisée dans le milieu, alors aucune direction n'est favorisée dans la polarisation. L'invariance par translation sous-entend que si un champ électrique provoque une polarisation à un instant t, le même champ provoquera la même polarisation à un instant $t+T$.

non-linéaire, il est courant de noter les termes de la façon suivante : $\vec{P} = \vec{P}_L + \vec{P}_{NL}$. En combinant les équations (3.1c) et (3.1d) on obtient l'équation de propagation suivante :

$$\nabla^2 \vec{E} - \frac{1}{c^2} \frac{\partial^2 \vec{E}}{\partial t^2} = \mu_0 \frac{\partial^2 \vec{P}_L}{\partial t^2} + \frac{\partial^2 \vec{P}_{NL}}{\partial t^2} \quad . \tag{3.4}$$

Il est utile de considérer également cette équation dans l'espace des fréquences :

$$\nabla^2 \vec{\mathcal{E}} + \frac{\omega^2 n_L^2}{c^2} \vec{\mathcal{E}} = -\frac{\omega^2}{\epsilon_0 c^2} \vec{\mathcal{P}}_{NL} \quad , \tag{3.5}$$

avec la transformée de Fourier (TF) d'une fonction $\vec{F}(\vec{r}, t)$ définie comme suit :

$$\vec{\mathcal{F}}(\vec{r}, \omega) = \int_{-\infty}^{+\infty} \vec{F}(\vec{r}, t) \exp(i\omega t) dt \quad , \tag{3.6}$$

et où l'indice de réfraction linéaire n_L prend la forme :

$$n_L^2(\omega) = 1 + \chi^{(1)}(\omega) \quad , \tag{3.7}$$

$\chi^{(1)}(\omega)$ étant la transformée de Fourier de $\chi^{(1)}(t)$.

3.1.4 Remarques sur la dispersion chromatique

Quand une onde électromagnétique de pulsation ω se propage dans un diélectrique, elle interagit avec les électrons liés du matériau. En général, la réponse du diélectrique dépend de la fréquence de l'onde. La conséquence directe de ce mécanisme est la dépendance de l'indice de réfraction par rapport à la fréquence : $n(\omega)$. Les différentes composantes spectrales de l'onde vont donc voyager à différentes vitesses. Ce phénomène, nommé *dispersion chromatique*, est détaillé notamment dans [66]. Nous allons nous contenter de rappeler les points importants pour la construction de l'équation de propagation.

Lorsque l'on considère une onde dont la largeur de spectre est faible devant la fréquence principale ω_0, nous pouvons développer la relation de dispersion reliant le vecteur d'onde à la fréquence :

$$k = n(\omega)\frac{\omega}{c} = k_0 + k_1(\omega - \omega_0) + \frac{1}{2}k_2(\omega - \omega_0)^2 + ... \quad . \tag{3.8}$$

On peut montrer que k_1 est égal à l'inverse de la vitesse de groupe alors que k_2 (S.I. : s^2/m) représente le coefficient de dispersion de la vitesse de groupe. Il est intéressant de noter que ce coefficient k_2 s'annule pour une longueur d'onde proche de $1.2\mu m$ dans la silice. Ainsi, il est possible de considérer ce paramètre comme négligeable si l'on choisit une longueur d'onde appropriée ou bien si l'on considère une fibre suffisamment courte pour ne pas observer son effet.

3.1.5 Propagation dans une fibre optique

À partir de l'équation (3.4), on peut déduire le modèle décrivant le processus d'attraction de polarisation. Il modélise le couplage de deux ondes contrapropagatives qui interagissent non-linéairement *via* l'effet Kerr optique. Cette équation servira de base aux travaux présentés dans ce chapitre. Dans le cas de deux ondes en interaction, elle s'écrit ainsi :

$$
\begin{cases}
\dfrac{\partial \vec{S}_r}{\partial t} + \dfrac{c}{n}\dfrac{\partial \vec{S}_r}{\partial z} = \Gamma \left[\vec{S}_r \times (\mathcal{I}_s \vec{S}_r) + \vec{S}_r \times (\mathcal{I}_i \vec{J}_r) \right] \\
\dfrac{\partial \vec{J}_r}{\partial t} - \dfrac{c}{n}\dfrac{\partial \vec{J}_r}{\partial z} = \Gamma \left[\vec{J}_r \times (\mathcal{I}_s \vec{J}_r) + \vec{J}_r \times (\mathcal{I}_i \vec{S}_r) \right]
\end{cases}
\quad , \tag{3.9}
$$

où $\vec{S}_r$ et $\vec{J}_r$ représentent les états de polarisation des deux ondes. Notons que ce modèle est général, dans le sens où il synthétise la description de différents types de fibre, selon les valeurs des matrices $\mathcal{I}_i$ et $\mathcal{I}_s$, comme nous le verrons plus en détail par la suite. Afin d'illustrer les étapes essentielles de la construction de cette équation, nous allons considérer ici le cas concret d'une fibre optique isotrope. Nous n'allons pas présenter entièrement toutes les étapes car ces manipulations d'équation sont classiques et peuvent se trouver en détail dans plusieurs livres et mémoires de thèse [66, 70, 71]. Nous allons plutôt nous concentrer sur les différentes approximations physiques qui sont contenues dans l'équation (3.9). La majorité de ces approximations sont communes aux différents types de fibres, nous pouvons donc les mettre en valeur en nous concentrant sur la fibre optique isotrope. L'objectif de cette section est de permettre aux lecteurs n'ayant pas de connaissances approfondies en optique de pouvoir garder facilement en tête le cadre physique de ce travail de thèse.

Comme annoncé plus haut, nous ne conservons ici que les ordres un et trois du développement (3.2). De plus, nous supposons que la fréquence du champ injecté se trouve suffisamment loin des fréquences de résonance du matériau, de telle sorte que l'on néglige le couplage entre les modes de vibration du matériau (phonon) et le champ propagatif. Cela revient à négliger l'effet Raman, qui est basé sur l'interaction phonon-photon. La conséquence de cette hypothèse est que la réponse du matériau est alors instantanée et le champ de polarisation devient :

$$
\vec{P} = \epsilon_0 \chi^{(1)} \vec{E}(\vec{r}, t) + \epsilon_0 \chi^{(3)} \vec{E}(\vec{r}, t) \vec{E}(\vec{r}, t) \vec{E}(\vec{r}, t) \quad . \tag{3.10}
$$

On détaille ensuite le champ électrique et la polarisation sur les axes principaux de la fibre :

$$
\vec{E} = \frac{1}{2} \left[E_1(\vec{r}, t) \exp(-i\omega_0 t)\vec{e}_1 + E_2(\vec{r}, t) \exp(-i\omega_0 t)\vec{e}_2 \right] + c.c. \quad , \tag{3.11}
$$

où $\vec{e}_i$ sont les vecteurs unitaires des axes principaux de la fibre et ω_0 la fréquence porteuse de l'onde incidente. E_1 et E_2 sont les amplitudes des enveloppes. Ces amplitudes sont lentement variables. Dans ces conditions, la polarisation non-linaire se décompose également :

$$
\vec{P}_{NL} = \frac{1}{2} \left[P_1(\vec{r}, t) \exp(-i\omega_0 t)\vec{e}_1 + P_2(\vec{r}, t) \exp(-i\omega_0 t)\vec{e}_2 \right] + c.c. \quad , \tag{3.12}
$$

avec

$$P_1(\vec{r}, t) = \frac{3}{4}\epsilon_0 \chi^3 \left[\left(|E_1|^2 + \frac{2}{3}|E_2|^2 \right) E_1 + \frac{1}{3} E_2^2 E_1^* \right]$$
$$P_2(\vec{r}, t) = \frac{3}{4}\epsilon_0 \chi^3 \left[\left(|E_2|^2 + \frac{2}{3}|E_1|^2 \right) E_2 + \frac{1}{3} E_1^2 E_2^* \right] \quad . \tag{3.13}$$

Dans le cas d'une fibre optique, on peut de plus négliger les effets transverses comme la diffraction, ce qui permet d'écrire l'enveloppe du champ sous la forme :

$$E_i(\vec{r}, t) = A_i(z, t)\psi(x, y)\exp(ik_{0i}z) \quad , \tag{3.14}$$

où $A(z, t)$ est une fonction lentement variable en z, k_{0i} est la constante de propagation suivant $\vec{e}_i$ et ψ le profil transverse du champ. Comme on suppose que A est lentement variable en z, on peut écrire la condition suivante :

$$\left| \frac{\partial^2 A_i}{\partial z^2} \right| \ll \left| \frac{\partial A_i}{\partial z} \right| \quad . \tag{3.15}$$

En utilisant ces formes pour le champ et la polarisation dans l'équation (3.5) nous obtenons :

$$\psi_1 \left[2k_{01}\frac{\partial \mathcal{A}_1}{\partial z} - i(k_1^2 - k_{01}^2)\mathcal{A}_1 \right] = TF \{\text{termes non-linéaires}\}$$
$$\psi_2 \left[2k_{02}\frac{\partial \mathcal{A}_2}{\partial z} - i(k_2^2 - k_{02}^2)\mathcal{A}_2 \right] = TF \{\text{termes non-linéaires}\} \quad , \tag{3.16}$$

avec $\mathcal{A}_i$ la transformée de Fourier de A_i et les nombres d'onde k_i définis par :

$$k_i = \frac{\omega_0}{c} \left(1 + \chi_i^{(1)}(\omega) \right)^{1/2} \quad . \tag{3.17}$$

Le détail des termes de droite de (3.16) peut se trouver dans plusieurs ouvrages de référence comme [66] ou dans certains mémoires de thèse comme [70]. Ici, nous nous intéressons seulement aux termes jouant un rôle dans les approximations physiques utilisées pour arriver à l'équation (3.27) qui sert de base aux résultats de ce chapitre. En l'occurence, nous avons besoin d'une nouvelle approximation pour continuer, car l'expression des $k_i(\omega)$ n'est pas connue en général. Nous supposons que la largeur du spectre considéré est négligeable devant la fréquence porteuse. Ce qui revient à dire que nous travaillons sur un faisceau quasi-monochromatique, et cela permet de développer k_i autour de la fréquence de la porteuse :

$$k_i = k_{0i} + k_{1i}(\omega - \omega_0) + \frac{1}{2}k_{2i}(\omega - \omega_0)^2 \quad . \tag{3.18}$$

De plus, il faut noter qu'en général les termes de droite de (3.16) dépendent de $\Delta k = k_{02} - k_{01}$. Ce terme est nul si la fibre est isotrope [72]. Dans la suite, nous appellerons *fibre télécom* le type de fibre utilisé dans les télécommunications. Dans le cas d'une telle fibre, ce terme varie aléatoirement sur une distance typique de l'ordre de 100m. Les longueurs de fibres considérées sont en général de l'ordre de plusieurs kilomètres, il est donc possible de faire disparaître ce terme par des moyennes [73]. Cela signifie que malgré la forme unifiée de l'équation (3.9), les calculs menant à cette équation pour les différents types de fibres possèdent en réalité des étapes différentes, et l'existence d'une forme unifiée des équations n'est pas évidente *a priori*.

Après une transformée de Fourier inverse pour retrouver l'espace temporel, nous obtenons :

$$\psi_1^2 \left[k_0 \frac{\partial A_1}{\partial z} + k_1 \frac{\partial A_1}{\partial t} + \frac{i}{2} k_2 \frac{\partial^2 A_1}{\partial t^2} \right] = i n_2 k_0 \{\text{termes non-linéaires}\}$$
$$\psi_2^2 \left[k_0 \frac{\partial A_2}{\partial z} + k_1 \frac{\partial A_2}{\partial t} + \frac{i}{2} k_2 \frac{\partial^2 A_2}{\partial t^2} \right] = i n_2 k_0 \{\text{termes non-linéaires}\} \tag{3.19}$$

avec $n_2 = 3\chi^{(3)}/(8 n_L)$ l'indice non-linéaire et $k_0 = \omega_0/c$ le nombre d'onde dans le vide. Ensuite, des intégrations sur les dimensions transverses permettent de faire disparaître les termes ψ_i et de faire apparaître la grandeur A_{eff}, appelée aire effective de la fibre. Enfin, nous introduisons un dernier changement de variables :

$$u_1 = \sqrt{N_1} A_1$$
$$u_2 = \sqrt{N_2} A_2 \tag{3.20}$$

avec $N_i = \frac{1}{2}\epsilon_0 n_L c \int \int \psi_i(x,y)^2 dx dy$, ce qui amène finalement à :

$$\frac{\partial u_1}{\partial z} + k_1 \frac{\partial u_1}{\partial t} + \frac{i}{2} k_2 \frac{\partial^2 u_1}{\partial t^2} = i\gamma \left(|u_1|^2 + \frac{2}{3}|u_2|^2 \right) u_1$$
$$\frac{\partial u_2}{\partial z} + k_1 \frac{\partial u_2}{\partial t} + \frac{i}{2} k_2 \frac{\partial^2 u_2}{\partial t^2} = i\gamma \left(|u_2|^2 + \frac{2}{3}|u_1|^2 \right) u_2 \tag{3.21}$$

où nous avons introduit le coefficient non-linéaire Kerr $\gamma = n_2 k_0/A_{eff}$ qui est typiquement de l'ordre de 1 $W^{-1} km^{-1}$ dans les fibres télécom. Cette équation est généralement appelée équation de Schrödinger non-linéaire, car elle peut s'y ramener dans certaines conditions. C'est l'équation standard utilisée pour modéliser la propagation d'une onde et de sa polarisation dans une fibre optique isotrope. Un modèle plus général, prenant en compte la biréfringence éventuelle de la fibre optique peut être obtenu selon le même principe [66]. Dans notre cas, nous devons ajouter une autre approximation. En effet, toutes les études présentées dans ce mémoire supposent le coefficient k_2 nul. Dans le cas des fibres isotropes, c'est la faible longueur de fibre qui permet cette approximation [72]. Dans le cas des fibres télécom, un choix de fibre particulier et la position de la longueur d'onde télécom permet d'obtenir k_2 de l'ordre de 10^{-3} ps^2/km. L'effet est donc négligeable pour une fibre de quelques kilomètres et une impulsion de quelques picosecondes. De plus, il est d'usage dans la littérature d'introduire

$\Gamma = \gamma/k_1 \, (= \gamma c/n)$. Ce qui donne finalement :

$$\begin{aligned}
\frac{\partial u_1}{\partial t} + \frac{c}{n}\frac{\partial u_1}{\partial z} &= i\Gamma\left(|u_1|^2 + \frac{2}{3}|u_2|^2\right)u_1 \\
\frac{\partial u_2}{\partial t} + \frac{c}{n}\frac{\partial u_2}{\partial z} &= i\Gamma\left(|u_2|^2 + \frac{2}{3}|u_1|^2\right)u_2
\end{aligned} \qquad (3.22)$$

Il n'y a maintenant plus aucune approximation qui sépare les équations (3.22) et (3.9). La seule différence importante est l'ajout d'une onde se propageant en sens inverse. Les termes de couplages s'obtiennent en modifiant l'écriture du terme d'ordre 3 dans le développement (3.2) [70]. Il faut ensuite passer dans la base des états de polarisation circulaire, puis dans les coordonnées de Stokes. Nous allons rappeler brièvement ces manipulations. Dans le cas d'une fibre optique isotrope, l'ajout d'une onde contra-propagative transforme l'équation (3.22) en l'équation suivante :

$$\begin{cases}
\dfrac{\partial u_1}{\partial t} + \dfrac{c}{n}\dfrac{\partial u_1}{\partial z} = i\Gamma\left[(|u_1|^2 + \frac{2}{3}|u_2|^2)u_1 + (2|\bar{u}_1|^2 + \frac{2}{3}|\bar{u}_2|^2)u_1 + \frac{2}{3}u_2\bar{u}_2\bar{u}_1^*\right] \\[2mm]
\dfrac{\partial u_2}{\partial t} + \dfrac{c}{n}\dfrac{\partial u_2}{\partial z} = i\Gamma\left[(|u_2|^2 + \frac{2}{3}|u_1|^2)u_2 + (2|\bar{u}_2|^2 + \frac{2}{3}|\bar{u}_1|^2)u_2 + \frac{2}{3}u_1\bar{u}_1\bar{u}_2^*\right] \\[2mm]
\dfrac{\partial \bar{u}_1}{\partial t} - \dfrac{c}{n}\dfrac{\partial \bar{u}_1}{\partial z} = i\Gamma\left[(|\bar{u}_1|^2 + \frac{2}{3}|\bar{u}_2|^2)\bar{u}_1 + (2|u_1|^2 + \frac{2}{3}|u_2|^2)\bar{u}_1 + \frac{2}{3}\bar{u}_2u_2u_1^*\right] \\[2mm]
\dfrac{\partial \bar{u}_2}{\partial t} - \dfrac{c}{n}\dfrac{\partial \bar{u}_2}{\partial z} = i\Gamma\left[(|\bar{u}_2|^2 + \frac{2}{3}|\bar{u}_1|^2)\bar{u}_2 + (2|u_2|^2 + \frac{2}{3}|u_1|^2)\bar{u}_2 + \frac{2}{3}\bar{u}_1u_1u_2^*\right]
\end{cases} \quad , \qquad (3.23)$$

où $\bar{u}_i$ représente l'onde contrapropagative et u_i^* le complexe conjugué. On passe ensuite dans la base des états circulaires :

$$\begin{cases}
u = \dfrac{(u_1 + iu_2)}{\sqrt{2}} \\[2mm]
v = \dfrac{(u_1 - iu_2)}{\sqrt{2}} \\[2mm]
\bar{u} = \dfrac{(\bar{u}_1 + i\bar{u}_2)}{\sqrt{2}} \\[2mm]
\bar{v} = \dfrac{(\bar{u}_1 - i\bar{u}_2)}{\sqrt{2}}
\end{cases} \quad , \qquad (3.24)$$

ce qui mène à :

$$\begin{cases}
(\partial_t + \frac{c}{n}\partial_z)u = \frac{2}{3}i\Gamma\left[(|u|^2 + 2|v|^2 + 2|\bar{u}|^2 + 2|\bar{v}|^2)u + 2\bar{u}\bar{v}^*v\right] \\[2mm]
(\partial_t + \frac{c}{n}\partial_z)v = \frac{2}{3}i\Gamma\left[(|v|^2 + 2|u|^2 + 2|\bar{u}|^2 + 2|\bar{v}|^2)v + 2\bar{v}\bar{u}^*u\right] \\[2mm]
(\partial_t - \frac{c}{n}\partial_z)\bar{u} = \frac{2}{3}i\Gamma\left[(|\bar{u}|^2 + 2|v|^2 + 2|\bar{u}|^2 + 2|\bar{v}|^2)\bar{u} + 2uv^*\bar{v}\right] \\[2mm]
(\partial_t - \frac{c}{n}\partial_z)\bar{v} = \frac{2}{3}i\Gamma\left[(|\bar{v}|^2 + 2|v|^2 + 2|\bar{u}|^2 + 2|\bar{v}|^2)\bar{v} + 2vu^*\bar{u}\right]
\end{cases} \quad . \qquad (3.25)$$

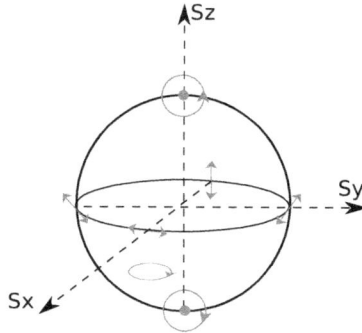

FIGURE 3.2 – Les différents états de polarisation représentés sur la sphère de Poincaré. Les pôles sud et nord correspondent respectivement aux polarisations circulaires droite et gauche, les polarisations rectilignes se trouvent sur l'axe, les polarisations elliptiques sur le reste de la sphère.

Ensuite, on introduit les coordonnées de Stokes :

$$
\begin{cases}
S_1 = i(u^*v - uv^*) \\
S_2 = |u|^2 - |v|^2 \\
S_3 = u^*v + uv^* \\
S_0^2 = (|u|^2 + |v|^2)^2 (= S_1^2 + S_2^2 + S_3^2)
\end{cases}
\quad \text{et} \quad
\begin{cases}
J_1 = i(\bar{u}^*\bar{v} - \bar{u}\bar{v}^*) \\
J_2 = |\bar{u}|^2 - |\bar{v}|^2 \\
J_3 = \bar{u}^*\bar{v} + \bar{u}\bar{v}^* \\
J_0^2 = (|\bar{u}|^2 + |\bar{v}|^2)^2 (= J_1^2 + J_2^2 + J_3^2)
\end{cases}
\tag{3.26}
$$

Le formalisme des vecteurs de Stokes, illustré sur la Fig. 3.2, permet de visualiser simplement l'état de polarisation du système : les pôles des sphères correspondent aux polarisations circulaires, l'équateur aux polarisations rectilignes et le reste de la sphère aux polarisations elliptiques. Les normes des vecteurs $\vec{S}$ et $\vec{J}$ sont notées S_0 et J_0 et correspondent aux puissances des deux ondes. Ce dernier changement de variable nous amène directement à l'équation (3.9), que nous utiliserons par la suite.

Le chapitre 4 fera appel à deux autres modèles bien connus en optique non-linéaire : le modèle de Bragg et le mélange à trois ondes. La construction de ces modèles est similaire à celle du modèle que nous venons de présenter. Dans le cas du modèle de Bragg [74] il faut inclure une variation périodique de faible amplitude de l'indice de réfraction. En effet, ce modèle est utilisé pour décrire les milieux périodiques comme les cristaux photoniques. Le modèle du mélange à trois ondes [66, 70] se base sur le terme non-linéaire d'ordre deux $(\chi^{(2)})$, contrairement aux deux autres modèles qui utilisent le terme non-linéaire d'ordre trois $(\chi^{(3)})$. En effet, le mélange à trois ondes a lieu dans des matériaux qui ne sont pas centrosymétriques, de sorte que la symétrie qui annule le $\chi^{(2)}$ dans le modèle précédent disparaît et donc le premier terme non-linéaire non nul devient le terme d'ordre deux.

3.1.6 Résumé du cadre physique

Résumons maintenant le cadre physique du modèle décrivant la propagation de la lumière dans une fibre optique. L'évolution du champ électromagnétique est décrit par les équations de Maxwell, auxquelles nous avons ajouté plusieurs approximations. Nous pouvons séparer ces dernières en deux groupes, celles s'appliquant à la modélisation de la polarisation, et celles liées à la propagation de l'onde. La polarisation est écrite en supposant que la réponse du milieu est :

– locale,
– homogène,
– causale,
– invariante par translation dans le temps,
– perturbative, telle que seul l'ordre non-linéaire le plus bas joue un rôle.

La propagation du champ électromagnétique dans la fibre est écrite en supposant que :
– le milieu de propagation est centro-symétrique,
– on peut négliger l'interaction phonon-photon (effet Raman),
– on peut négliger les effets transverses (coordonnée z découplée des coordonnées x et y),
– l'enveloppe est lentement variable en z,
– la largeur du spectre est faible devant la fréquence porteuse (onde quasi-monochromatique),
et pour des raisons différentes selon le type de fibre :
– la dispersion de la vitesse de groupe est négligeable,
– la biréfringence n'apparaît plus directement, mais n'est pas négligée (par exemple, elle est moyennée dans le cas des fibres télécom).

3.2 Attraction de polarisation dans un système contrapropagatif

3.2.1 Présentation du phénomène

L'attraction de polarisation est un effet physique découvert assez récemment. Les premiers résultats expérimentaux et théoriques sur l'attraction de polarisation ont été publiés en 2005 dans [75], mais l'étude fondatrice date de 1999 [76]. Celle-ci ne parlait pas de l'attraction mais des solitons, qui constituent un autre point de vue du même phénomène. L'effet lui-même peut se résumer ainsi : on considère un milieu non-linéaire, par exemple une fibre optique, dans lequel deux ondes se propagent de façon contrapropagative en interagissant. Concrètement, si on note ξ la coordonnée spatiale et L la longueur du milieu non-linéaire, alors on injecte une onde $\vec{S}$ en $\xi = 0$ qui ressort en $\xi = L$ et on injecte une deuxième onde $\vec{J}$ en $\xi = L$ qui ressort en $\xi = 0$. Dans un tel système, on observe alors pour la plupart des conditions initiales une relaxation vers un état stationnaire, *i.e.* au bout d'un certain temps $\vec{S}$ et $\vec{J}$ ne dépendent plus que de la coordonnée spatiale. Autrement dit, le profil de l'onde dans la fibre n'évolue plus dans le temps.

Cette relaxation vers un état stationnaire n'est pas systématique, elle dépend du système considéré et des conditions aux bords $\vec{S}(\xi = 0, t)$ et $\vec{J}(\xi = L, t)$. Les observations numériques détaillées dans [70, 77, 78] montrent que si les variations aux bords sont adiabatiques et si la longueur du milieu est suffisamment grande pour permettre l'interaction non-linéaire alors le système va toujours relaxer vers un état stationnaire. Numériquement, il existe une contrainte supplémentaire, car si la longueur de fibre est trop grande alors des instabilités numériques apparaissent. Il existe en réalité une autre condition qui n'a pas été étudiée dans la littérature et que nous verrons plus en détail par la suite : il faut que la dynamique possède un unique point fixe attractif stable. C'était le cas dans les systèmes étudiés dans [70, 77, 78], ce qui explique que cette condition n'ait pas été remarquée.

Une fois l'état stationnaire atteint, on observe que l'état de l'onde en sortie est conditionné par l'état de l'onde en entrée. Plus précisément, la valeur de $\vec{S}(\xi = L)$ (libre) est reliée à la valeur de $\vec{J}(\xi = L)$ (fixée) et inversement, la valeur de $\vec{J}(\xi = 0)$ (libre) dépend directement de celle de $\vec{S}(\xi = 0)$ (fixée). C'est ce phénomène qui est appelé *attraction de polarisation*.

Expérimentalement, les premiers résultats ont été obtenus dans une fibre optique isotrope de 120 cm, à une longueur d'onde de 532 nm avec une puissance injectée de 175W [75]. Depuis, plusieurs expériences ont été menées pour permettre d'utiliser cet effet dans les télécommunications. Des expériences récentes [79] ont montré qu'il est possible d'utiliser cet effet à la longueur d'onde 1550 nm, avec une puissance de 1W dans une fibre à biréfringence aléatoire de 6.2 km, ce qui est proche des conditions standards utilisées en télécommunication.

3.2.2   Présentation du système

On considère une fibre optique dans laquelle on injecte en entrée une onde appelée *onde signal* et en sortie une onde appelée *onde pompe* (cf. Fig. 3.3). Ces deux ondes interagissent de façon contrapropagative à l'intérieur de la fibre selon l'équation spatio-temporelle suivante [80, 73, 81] :

$$
\left\{
\begin{array}{l}
\dfrac{\partial \vec{S}_r}{\partial t} + \dfrac{c}{n}\dfrac{\partial \vec{S}_r}{\partial z} = \Gamma \left[\vec{S}_r \times (\mathcal{I}_s \vec{S}_r) + \vec{S}_r \times (\mathcal{I}_i \vec{J}_r) \right] \\
\dfrac{\partial \vec{J}_r}{\partial t} - \dfrac{c}{n}\dfrac{\partial \vec{J}_r}{\partial z} = \Gamma \left[\vec{J}_r \times (\mathcal{I}_s \vec{J}_r) + \vec{J}_r \times (\mathcal{I}_i \vec{S}_r) \right]
\end{array}
\right. , \tag{3.27}
$$

où $\vec{S}_r$ et $\vec{J}_r$ représentent l'état de polarisation des deux ondes dans le formalisme de Stokes, détaillé précédemment. Les matrices $\mathcal{I}_s$ et $\mathcal{I}_i$ sont des matrices diagonales dont les coefficients dépendent du type de fibre considéré. Le coefficient Γ est défini à partir du coefficient de non-linéarité Kerr : $\Gamma = \gamma c/n$. Les unités sont les unités S.I. : $[t] = s$, $[z] = m$, γ en $W^{-1}m^{-1}$ et S, J en W, avec $|\vec{S}_r|$ et $|\vec{J}_r|$ qui correspondent exactement aux puissances des deux ondes. On définit la longueur non-linéaire $\Lambda_0 = \frac{1}{\gamma|\vec{S}_r|}$ et le temps non-linéaire comme $\tau_0 = \frac{n\Lambda_0}{c}$. Puis, on normalise ce système : $\vec{S} = \vec{S}_r/|\vec{S}_r|$, $\xi = z/\Lambda_0$, $\tau = t/\tau_0$, ce qui donne :

$$
\left\{
\begin{array}{l}
\dfrac{\partial \vec{S}}{\partial \tau} + \dfrac{\partial \vec{S}}{\partial \xi} = \vec{S} \times (\mathcal{I}_s \vec{S}) + \vec{S} \times (\mathcal{I}_i \vec{J}) \\
\dfrac{\partial \vec{J}}{\partial \tau} - \dfrac{\partial \vec{J}}{\partial \xi} = \vec{J} \times (\mathcal{I}_s \vec{J}) + \vec{J} \times (\mathcal{I}_i \vec{S})
\end{array}
\right. , \tag{3.28}
$$

où ξ est la coordonnée spatiale le long de la fibre, $\vec{S} = (S_x, S_y, S_z)$ et $\vec{J} = (J_x, J_y, J_z)$ représentent respectivement les vecteurs de Stokes normalisés des ondes signal et pompe sur la sphère de Poincaré et $\times$ correspond au produit vectoriel. Dans un premier temps, nous négligeons les pertes le long de la fibre, les normes de ces vecteurs sont donc constantes.

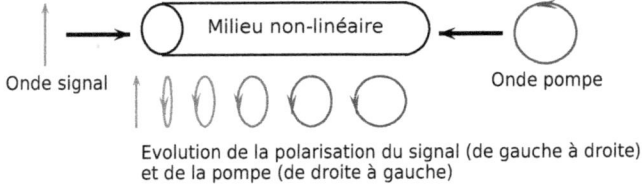

FIGURE 3.3 – Illustration schématique du phénomène d'attraction de polarisation.

Comme expliqué précédemment, on peut montrer numériquement et expérimentalement [75] que la dynamique de ces équations se stabilise dans certaines conditions autour d'une solution stationnaire. C'est dans ce régime stationnaire qu'a lieu le phénomène d'attraction de polarisation illustré sur la Fig. 3.3 et c'est donc sur ce régime stationnaire que nous allons nous concentrer. Plus précisément, il a été montré pour les fibres isotropes que le système stationnaire est intégrable au sens de Liouville et que la dynamique spatiotemporelle se stabilise autour des tores singuliers du système [77, 78]. Au cours de ma thèse, nous avons repris cette étude en obtenant un certain nombre de nouveaux résultats analytiques dans le cas de la fibre isotrope avec notamment le cas d'une attraction vers une polarisation elliptique [67]. Nous avons également étendu cette étude à deux autres types de fibre [69] : la fibre dite "télécom" [73](à biréfringence locale aléatoire) et la fibre hautement biréfringente avec torsion (HBT) [82]. Ce sont ces résultats que nous allons présenter dans cette section.

3.2.3 Formalisme Hamiltonien adapté

Les équations d'Hamilton couramment rencontrées sont écrites dans un espace des phases plat (*e.g.* $\mathbb{R}^n$). Or, l'espace des phases est ici constitué par les deux sphères de Stokes, nous devons donc adapter le formalisme à cet espace courbe. Pour cela, nous commençons par écrire la structure hamiltonienne en coordonnées locales illustrées sur la Fig. 3.4 :

$$\begin{cases} S_x = \sqrt{S_0^2 - I_s^2} \cos \phi_s \\ S_y = \sqrt{S_0^2 - I_s^2} \sin \phi_s \\ S_z = I_s \end{cases} \text{ et } \begin{cases} J_x = \sqrt{J_0^2 - I_p^2} \cos \phi_p \\ J_y = \sqrt{J_0^2 - I_p^2} \sin \phi_p \\ J_z = -I_p \end{cases} , \qquad (3.29)$$

où I_s et I_p correspondent respectivement aux ellipticités des ondes signal et pompe. Nous pouvons alors écrire la structure hamiltonienne standard à partir des crochets de Poisson :

$$\{g_1, g_2\} = \sum_{i=s,p} \frac{\partial g_1}{\partial \phi^i} \frac{\partial g_2}{\partial I^i} - \frac{\partial g_1}{\partial I^i} \frac{\partial g_2}{\partial \phi^i} \quad . \tag{3.30}$$

Avec cette définition, nous avons les relations standards suivantes : $\{I_p, I_s\} = \{\phi_p, \phi_s\} =$

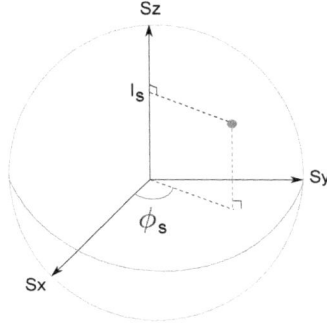

FIGURE 3.4 – Illustration des coordonnées locales utilisées pour décrire l'état de polarisation sur la sphère de Poincaré.

0 et $\{I_i, \phi_j\} = \delta_{ij}$. La dynamique peut donc être décrite par une fonction de la forme $H(I_s, \phi_s, I_p, \phi_p)$. Les équations d'Hamilton usuelles où ξ joue le rôle du temps dans un système dynamique classique sont :

$$\begin{aligned}
\partial_\xi I_{s,p} = \{I_{s,p}, H\} &= \frac{\partial H}{\partial \phi_{s,p}} \\
\partial_\xi \phi_{s,p} = \{\phi_{s,p}, H\} &= -\frac{\partial H}{\partial I_{s,p}}
\end{aligned} \quad . \tag{3.31}$$

Cependant ces coordonnées ne sont pas globalement définies. En effet, pour une polarisation circulaire (i.e $I_s = \pm S_0$ ou $I_p = \pm J_0$), les angles ϕ_s, respectivement ϕ_p, ne sont pas définis. Par contre, les variables de Stokes sont bien définies globalement, nous réécrivons donc les crochets de Poisson sous la forme :

$$\begin{aligned}
\{S_x, S_y\} &= \frac{\partial S_x}{\partial \phi^s} \frac{\partial S_y}{\partial I^s} - \frac{\partial S_x}{\partial I^s} \frac{\partial S_y}{\partial \phi^s} \\
&= S_z \quad , \\
&\quad \cdots \\
\{J_x, J_y\} &= \frac{\partial J_x}{\partial \phi^p} \frac{\partial J_y}{\partial I^p} - \frac{\partial J_x}{\partial I^p} \frac{\partial J_y}{\partial \phi^p} \\
&= -J_z \quad .
\end{aligned} \tag{3.32}$$

On obtient finalement les relations $\{S_i, S_j\} = \epsilon_{ijk} S_k$ et $\{J_i, J_j\} = -\epsilon_{ijk} J_k$, avec ϵ_{ijk} le tenseur de Levi-Civita. On note que le signe moins dans le second crochet de Poisson est une trace de la nature contrapropagative des équations. Ces expressions sont valides partout sur les sphères de Stokes, ce qui n'était pas le cas en coordonnées cylindriques. Les équations d'Hamilton s'écrivent alors :

$$\frac{dS_i}{d\xi} = \{S_i, H\} \quad \text{et} \quad \frac{dJ_i}{d\xi} = \{J_i, H\} \quad , \tag{3.33}$$

avec l'hamiltonien :

$$H = -\vec{S}.\mathcal{I}_i \vec{J} - \frac{1}{2}\left(\vec{S}.\mathcal{I}_s \vec{S} + \vec{J}.\mathcal{I}_s \vec{J}\right) \quad . \tag{3.34}$$

En utilisant les équations (3.32), (3.33) et (3.34) on retrouve directement la partie stationnaire de (3.27). Notons que nous sommes passé d'un espace de dimension 4 ($S^2 \times S^2$) à un espace de dimension 6 avec 2 contraintes qui définissent les sphères.

Fibre isotrope

L'attraction de polarisation a d'abord été observée expérimentalement dans les fibres isotropes [83] avant d'être testée dans d'autres types de fibre. Dans ce cas, les matrices diagonales deviennent $\mathcal{I}_s = \text{diag}(-1, -1, 0)$ et $\mathcal{I}_i = \text{diag}(-2, -2, 0)$, ce qui donne le système stationnaire suivant :

$$\begin{cases} \partial_\xi S_x = S_z S_y + 2S_z J_y \\ \partial_\xi S_y = -S_z S_x - 2S_z J_x \\ \partial_\xi S_z = 2J_x S_y - 2S_x J_y \end{cases} \quad \text{et} \quad \begin{cases} \partial_\xi J_x = -J_z J_y - 2J_z S_y \\ \partial_\xi J_y = J_z J_x + 2J_z S_x \\ \partial_\xi J_z = 2J_x S_y - 2S_x J_y \end{cases} \quad .$$

À une constante additive près, l'hamiltonien prend la forme :

$$H = 2(S_y J_y + S_x J_x) - \frac{1}{2}(S_z^2 + J_z^2) \quad . \tag{3.35}$$

On remarque aussi que $K = S_z - J_z$ est une constante du mouvement puisque $\{H, K\} = 0$[2]. Dans ce modèle, la condition sur l'isotropie a une influence directe sur l'intégrabilité. Si un terme de biréfringence est ajouté, même faible, alors K n'est plus une constante du mouvement. En effet, on peut montrer qu'en présence d'une faible biréfringence Δk, l'hamiltonien s'écrit :

$$H = 2(S_y J_y + S_x J_x) - \frac{1}{2}(S_z^2 + J_z^2) - \Delta k(S_x + J_x) \quad . \tag{3.36}$$

En utilisant les crochets de Poisson (3.32), on constate que $K = S_z - J_z$ ne commute plus avec l'hamiltonien. Le système n'est donc plus intégrable. Les simulations spatio-temporelles montrent que les effets observés dans le cas intégrable demeurent malgré tout visibles tant que la biréfringence reste suffisamment faible.

---

2. Attention il y a une erreur de signe dans l'expression de cette constante du mouvement dans [77].

Fibre à biréfringence aléatoire

Les fibres optiques utilisées dans les télécommunications sont des fibres dont la biréfringence varie aléatoirement sur une distance typique beaucoup plus courte que la longueur totale de la fibre et que la longueur caractéristique non-linéaire. L'attraction de polarisation a été testée expérimentalement dans ce type de fibre [84] dans l'espoir d'ouvrir la porte à de potentielles applications industrielles. Dans ce cas, les matrices diagonales prennent la forme $\mathcal{I}_s = 0$ et $\mathcal{I}_i = \text{diag}(-1,-1,1)$ [73]. Le système stationnaire s'écrit alors :

$$
\begin{cases}
\partial_\xi S_x = S_y J_z + S_z J_y \\
\partial_\xi S_y = -J_x S_z - S_x J_z \\
\partial_\xi S_z = -J_y S_x + S_y J_x
\end{cases}
\text{ et }
\begin{cases}
\partial_\xi J_x = -S_y J_z - J_y S_z \\
\partial_\xi J_y = J_z S_x + S_z J_x \\
\partial_\xi J_z = -J_y S_x + J_x S_y
\end{cases}
\quad , \tag{3.37}
$$

avec l'hamiltonien :

$$
H = S_x J_x + S_y J_y - S_z J_z \ , \tag{3.38}
$$

qui "Poisson commute" avec les trois constantes du mouvement $K_1 = S_x + J_x$, $K_2 = S_y + J_y$ et $K_3 = S_z - J_z$. On note que, contrairement au modèle précédent, aucune direction de la sphère de Poincaré n'est privilégiée par les équations (3.37), ce qui entraîne la présence de trois constantes du mouvement. Ce type de système, où le nombre de constantes du mouvement est supérieur au nombre de degrés de liberté est dit super-intégrable. Cela permet une compréhension plus approfondie du système. Par exemple, les solutions sont des sinusoïdes de période connue, comme nous le montrerons par la suite.

Fibre hautement biréfringente avec torsion

Pour fabriquer une fibre optique, on chauffe et étire un barreau d'un matériau de base comme la silice jusqu'à atteindre le diamètre voulu. Pour certaines fibres, on impose également une torsion pendant l'étirement de sorte que la fibre finale possède une biréfringence locale bien contrôlée. Pour ce type de fibre, les matrices diagonales deviennent $\mathcal{I}_s = \text{diag}(0,0,\beta)$ et $\mathcal{I}_i = \alpha \text{diag}(1,-1,-2)$, où $\alpha = \cos^2 \phi$, $\beta = 2\sin^2 \phi - \cos^2 \phi$ et ϕ correspond au paramètre de torsion de la fibre [80]. Ce paramètre est défini tel que pour $\phi = \pi/2$ la torsion est nulle, et pour $\phi = 0$ elle est maximale. Le système stationnaire s'écrit :

$$
\begin{cases}
\partial_\xi S_x = \alpha(S_z J_y - 2S_y J_z) + \beta S_y S_z \\
\partial_\xi S_y = \alpha(S_z J_x + 2S_x J_z) - \beta S_x S_z \\
\partial_\xi S_z = -\alpha(J_y S_x + S_y J_x)
\end{cases}
\text{ et }
\begin{cases}
\partial_\xi J_x = \alpha(2S_z J_y - S_y J_z) - \beta J_y J_z \\
\partial_\xi J_y = -\alpha(2S_z J_x + S_x J_z) + \beta J_x J_z \\
\partial_\xi J_z = \alpha(J_y S_x + J_x S_y)
\end{cases}
\quad , \tag{3.39}
$$

qui mène à l'hamiltonien :

$$
H = \alpha(S_y J_y - S_x J_x + 2S_z J_z) - \frac{\beta}{2}(S_z^2 + J_z^2) \quad , \tag{3.40}
$$

lequel Poisson commute avec $K = S_z + J_z$. Dans ce type de fibre, nous avons donc une direction privilégiée : l'axe des polarisations circulaires.

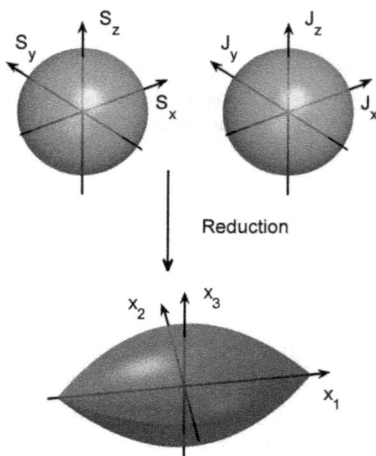

FIGURE 3.5 – Illustration du processus de réduction qui relie l'espace des phases principal, *i.e.* les deux sphères de Poincaré (en gris) à l'espace des phases réduit (tracé en rouge pour $K = 0$). Il est important de noter que l'espace des phases réduit n'est pas dérivable partout. Les points non dérivables sont des points fixes de la dynamique initiale sous l'action de l'hamiltonien K. En l'occurence, nous avons deux points non-dérivables (non-lisses) sur cette illustration : $(\pm 1, 0, 0)$.

Ces trois systèmes sont Liouville-intégrable [85], *i.e.* ils ont au moins autant d'invariants que la dimension de l'espace des phases divisée par deux. Dans notre cas, l'espace des phases est $S^2 \times S^2$ de dimension quatre, décrit localement par $(I_s, \phi_s, I_p, \phi_p)$ et, pour chaque type de fibre, le système possède au moins deux invariants H et K. Comme le système est intégrable, le théorème d'Arnold-Liouville nous dit que l'espace des phases est feuilleté par des tores de dimensions 2. Plus précisément, à chaque couple (H, K) correspond un tore dans l'espace des phases. Comme nous l'avons vu dans le chapitre 1, ces tores peuvent être réguliers ou singuliers, ces derniers étant responsables du phénomène d'attraction de polarisation. Nous devons donc nous pencher sur l'étude de ces tores singuliers.

3.2.4 Étude des tores singuliers

Nous allons ici appliquer la *réduction singulière* présentée au chapitre 1 pour analyser la structure de l'espace des phases des trois systèmes. La réduction va se baser sur l'étude des polynômes invariants sous le flot de K :

$$\frac{\mathrm{d}S_i}{\mathrm{d}z} = \{S_i, K\} \quad \text{et} \quad \frac{\mathrm{d}J_i}{\mathrm{d}z} = \{J_i, K\} \quad . \tag{3.41}$$

Le processus de la réduction appliqué à cet exemple est illustré schématiquement sur la Fig. 3.5.

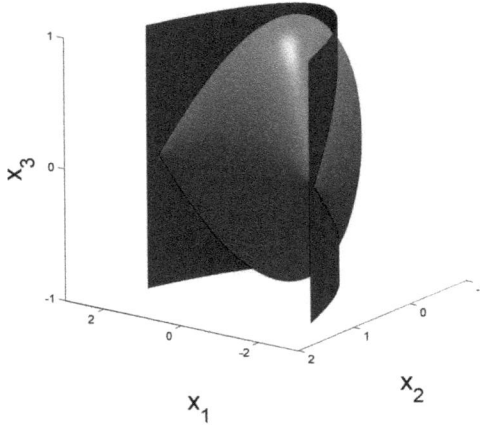

FIGURE 3.6 – Fibre isotrope : Intersection de l'espace des phases réduit (rouge) et de la surface de l'hamiltonien (bleu) pour $S_0 = J_0 = 1$, $K = 0$ et $H = -1$. On observe que l'intersection possède deux points non lisses, qui correspondent aux tores singuliers.

Fibre isotrope

Les équations différentielles associées au flot de $K = S_z - J_z$ prennent la forme :

$$\begin{cases} \dot{S}_y = S_x \\ \dot{S}_x = -S_y \\ \dot{S}_z = 0 \end{cases} \quad ; \quad \begin{cases} \dot{J}_y = J_x \\ \dot{J}_x = -J_y \\ \dot{J}_z = 0 \end{cases} \quad . \tag{3.42}$$

Les polynômes suivants sont invariants sous ce flot [86] :

$$\begin{cases} x_0 = K = S_z - J_z \\ x_1 = S_z + J_z \\ x_2 = \vec{S}.\vec{J} \\ x_3 = S_x J_y - S_y J_x \end{cases} .$$

Ils sont également reliés par l'équation :

$$x_3^2 + \left(x_2 + \frac{1}{4}(x_0^2 - x_1^2)^2\right) - \left(S_0^2 - \frac{1}{4}(x_0 + x_1)^2\right)\left(J_0^2 - \frac{1}{4}(x_0 - x_1)^2\right) = 0 \quad . \tag{3.43}$$

Par définition, ces nouvelles coordonnées sont soumises à la contrainte $-S_0 - J_0 \le x_1 \le S_0 + J_0$ qui vient de la définition des coordonnées de Stokes. On peut alors réécrire l'hamiltonien sous la forme :

$$H = 2x_2 + \frac{1}{4}x_0^2 - \frac{3}{4}x_1^2 \quad . \tag{3.44}$$

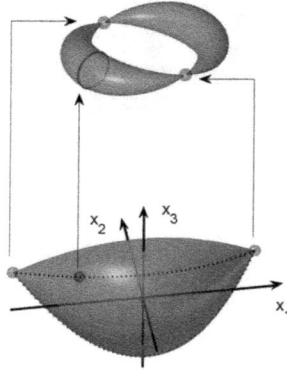

FIGURE 3.7 – Fibre isotrope : Illustration de la relation entre les points de l'espace des phases réduit et les points du tore singulier. La ligne en pointillés représente l'intersection avec la surface de l'hamiltonien dans l'espace (x_1, x_2, x_3).

Pour une valeur de K fixée, l'équation (3.43) définit une surface dans l'espace (x_1, x_2, x_3). Cette surface constitue *l'espace des phases réduit*. Pour une valeur donnée de H, l'équation (3.44) définit une deuxième surface. La dynamique du système appartient à l'ensemble défini par l'intersection de ces deux surfaces, illustrée sur la Fig. 3.6. Techniquement, nous avons réduit la dimension du problème de deux. En effet, l'espace des phases de départ est de dimension 4 et l'espace des phases réduit de dimension 2. Une dimension perdue est liée à l'utilisation du flot de K et une autre est cachée dans le fait que l'on réalise l'étude à K fixé. La forme de l'espace des phases réduit dépend de la valeur de K et il faut donc faire varier cette dernière pour avoir une compréhension complète du système. Les deux points non-lisses ont pour coordonnées ($x_1 = \pm 2, x_2 = 1, x_3 = 0$), ce qui entraîne $S_y = J_y = S_0$ ou $S_y = J_y = -S_0$. Si on reporte ce résultat dans l'équation (3.42) on obtient une dynamique stationnaire au lieu d'un cercle. On retrouve ici le résultat général présenté dans le chapitre 1.

Quand un point de l'espace des phases réduit n'est pas dérivable alors ce point ne correspond pas à un cercle dans l'espace des phases complet, *i.e.* le relèvement n'est pas régulier. On en déduit que le tore singulier correspondant est un tore doublement pincé, illustré sur la Fig. 3.7. En étudiant l'intersection des deux surfaces, on peut montrer qu'il existe un seul couple (H, K) pour lequel l'intersection possède des points non dérivables. Ce résultat est résumé dans le *diagramme énergie-moment* présenté sur la Fig. 3.8. Les équations des bords du diagramme peuvent être obtenues par une étude plus fine de l'espace des phases réduit. En effet, pour ces points, l'intersection est réduite à un point. De plus, on note que la symétrie des deux surfaces est telle que cela ne peut arriver que pour $x_3 = x_1 = 0$. On commence donc par exprimer les racines du polynôme $x_3^2(x_1)$ à partir de l'équation (3.43) :

$$x_1 = \pm \frac{\sqrt{2S_0^4 - S_0^2 x_1^2 - x_0^2 x_2 - 2x_2^2}}{S_0^2 - x_2} \quad .$$

Puis, avec l'équation (3.44) et le fait que $x_1 = 0$, on obtient :

$$H = 2S_0^2 - \frac{3}{4}K^2 \quad \text{et} \quad H = -2S_0^2 + \frac{1}{4}K^2.$$

Ces expressions ont été obtenues durant ma thèse, même si le diagramme lui-même avait déjà été calculé numériquement dans [77].

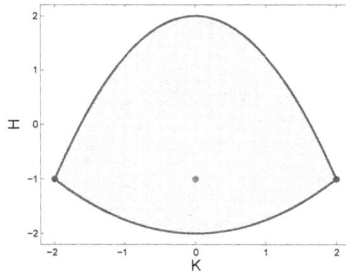

FIGURE 3.8 – Fibre isotrope : Diagramme énergie-moment pour $S_0 = J_0 = 1$. La région grise correspond aux tores réguliers et le point rouge au tore doublement pincé.

Fibre à biréfringence aléatoire

Le cas de la fibre télécom est un peu particulier car le système possède plus de constantes du mouvement que nécessaire pour être Liouville-intégrable, on dit alors que le système est *super-intégrable*. Une seule réduction sur une seule constante du mouvement ne donnera qu'une vue partielle du système. Autrement dit, l'espace des phases principal possède trois fibrations équivalentes mais différentes, et l'étude de l'une d'entre elles ne permet pas d'obtenir toutes les informations contenues dans les deux autres.

Pour faire une étude globale [3], on définit donc le vecteur $\vec{K} = (K_1, K_2, K_3)$ et on note $D = -\mathcal{I}_i$. On a donc :

$$H = \vec{S}D\vec{J} \quad \text{et} \quad \vec{K} = \vec{S} + D\vec{J} \quad . \tag{3.45}$$

On reformule ces expressions pour obtenir $\vec{J} = D(\vec{K} - \vec{S})$ et $H = -S_0 + \vec{S}\vec{K}$. Puis on considère K^2 :

$$K^2 = S_0^2 + J_0^2 + 2H \quad ,$$

qui donne

$$K^2 = J_0^2 - S_0^2 - 2\vec{S}\vec{K} \quad . \tag{3.46}$$

On peut déduire de la définition de H que $H \in [-S_0 J_0, S_0 J_0]$ puis avec l'équation (3.46) : $K^2 \in [(S_0 - J_0)^2, (S_0 + J_0)^2]$. De plus, on peut vérifier directement que $K^2 = K_{min}^2 \Leftrightarrow H = H_{min}$ et $K^2 = K_{max}^2 \Leftrightarrow H = H_{max}$. On peut maintenant considérer les trois cas suivants :

1. $K^2 = K_{min}^2$:
   - Si $S_0 = J_0$ alors $K^2 = 0$ et en utilisant cette condition dans l'équation (3.37), on en déduit qu'on se trouve sur un point fixe. De plus, l'équation (3.46) montre que le vecteur $\vec{S}$ n'est pas contraint, la sphère entière correspond à l'ensemble des points fixes possibles.
   - Si $S_0 \neq J_0$, on note $\vec{n} = \vec{K}/|\vec{K}|$ et on déduit de l'équation (3.46) que $\vec{S} = -S_0\vec{n}$ ou $\vec{S} = S_0\vec{n}$ respectivement dans les cas $S_0 < J_0$ et $S_0 > J_0$.

2. $K^2 = K_{max}^2$: de la même façon on obtient un point fixe donné par $\vec{S} = S_0\vec{n}$.

3. $K_{min}^2 < K^2 < K_{max}^2$: pour chaque valeur de $\vec{K}$ il existe une unique orbite périodique donnée par l'équation (3.46).

En utilisant la réduction singulière, on aurait retrouvé ces valeurs particulières K_{min}^2 et K_{max}^2 mais il aurait fallu réaliser trois réductions, une pour chaque constante du mouvement, et recouper les informations. Cette méthode est donc plus élégante. Pour cette approche, il semble que K_{min}^2 et K_{max}^2 jouent le même rôle, pourtant les simulations numériques et les expériences montrent que le système choisit toujours K_{min}^2. Pour comprendre cette différence, il faut regarder de plus près la forme des orbites à proximité des points fixes.

Puisque le système est super-intégrable, le plus simple est d'intégrer directement les équations pour pouvoir analyser la solution. En utilisant les constantes du mouvement, on découple le système :

$$\begin{cases} \partial_\xi S_x = S_y K_z + S_z K_y \\ \partial_\xi S_y = -K_x S_z - S_x K_z \\ \partial_\xi S_z = -K_y S_x + S_y K_x \end{cases} \quad . \tag{3.47}$$

---

3. Cette étude globale, faite en collaboration avec H.-R. Jauslin, n'a pas encore été publiée.

On obtient pour S_x :

$$S_x(z) = \frac{K_x(S_x(0)K_x + S_y(0)K_y - S_z(0)K_z)}{K^2} + \frac{(S_z(0)K_y + S_y(0)K_z)\sin(|\vec{K}|z)}{|\vec{K}|}$$
$$- \frac{(-K_y^2 S_x(0) - K_z K_x S_z(0) - K_z^2 S_x(0) K_x K_y S_y(0))\cos(|\vec{K}|z)}{|\vec{K}|^2} . \tag{3.48}$$

On voit ici que la solution est périodique avec une période $2\pi/|\vec{K}|$. Les autres composantes ont une forme légèrement plus lourde mais gardent la même fréquence. On constate que les orbites au voisinage de K_{min}^2 ont une période qui tend vers l'infini alors que celles de l'autre ensemble de points fixes ont une période finie. Ces solutions sont comparées à l'état du sytème après relaxation sur la Fig. 3.9. On observe un excellent accord ce qui montre que le système est quasiment sur l'état stationnaire.

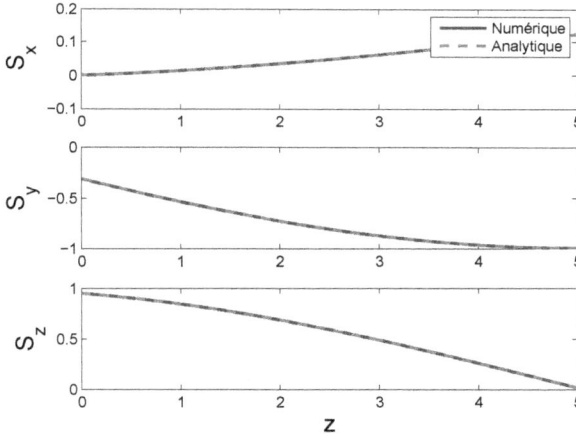

FIGURE 3.9 – Comparaison entre les trajectoires numériques et analytiques de l'état stationnaire pour $S_0 = J_0$ et $L = 5$.

Fibre hautement biréfringente avec torsion

Dans ce cas, la constante du mouvement est $K = S_z + J_z$ et le flot de K est décrit par :

$$\begin{cases} \dot{S}_x = -S_y \\ \dot{S}_y = S_x \\ \dot{S}_z = 0 \end{cases} \quad ; \quad \begin{cases} \dot{J}_x = J_y \\ \dot{J}_y = -J_x \\ \dot{J}_z = 0 \end{cases} . \tag{3.49}$$

Les polynômes suivants sont invariants sous le flot de K :

$$\begin{cases} x_0 = K = S_z + J_z \\ x_1 = S_z - J_z \\ x_2 = S_y J_y - S_x J_x \\ x_3 = S_x J_y + S_y J_x \end{cases} .$$

Ils obéissent à la relation :

$$x_3^2 + x_2^2 + \left(S_0^2 - \frac{1}{4}(x_0 + x_1)^2 \right) \left(J_0^2 - \frac{1}{4}(x_0 - x_1)^2 \right) = 0 \quad . \tag{3.50}$$

L'hamiltonien peut être réécrit sous la forme :

$$H = \alpha(x_2 + \frac{x_0^2 - x_1^2}{2}) - \frac{\beta}{4}(x_0^2 + x_1^2) \quad . \tag{3.51}$$

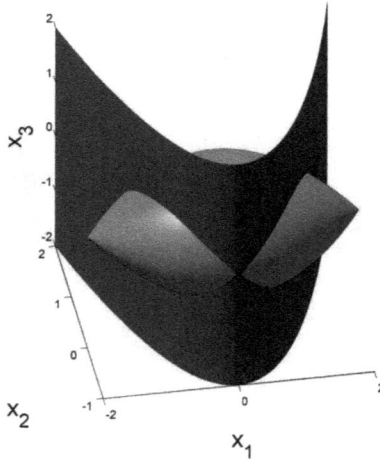

FIGURE 3.10 – Fibre HBT : Intersection de l'espace des phases réduit et de la surface hamiltonienne avec $\phi = \pi/4$, $K = 0$ et $H = -0.5$. L'intersection dessine une forme en huit, caractéristique des bitores.

On considère à nouveau le cas $S_0 = J_0$, l'intersection entre les deux surfaces est présentée sur la Fig. 3.10. En traçant cette surface pour différentes valeurs de (H, K), on observe que l'intersection en forme de huit reste présente pour un ensemble continu de valeurs. On s'attend donc à ne pas trouver de singularité isolée dans le diagramme énergie-moment.

Pour obtenir les équations de ce diagramme, on utilise la même symétrie que précédemment et on calcule encore une fois les racines du polynôme $x_3^2(x_1)$:

$$x_1 = \pm\sqrt{k^2 + 4S_0^2 \pm 4\sqrt{S_0^2 k^2 + x_2^2}} \quad,$$

puis on utilise $x_1 = 0$ et l'équation (3.51) pour finalement arriver à :

$$\begin{cases} H = \epsilon\sqrt{\alpha^2(\dfrac{K^2}{4} + S_0^2)^2 - S_0^2 K^2)} + \dfrac{\alpha K^2}{2} - \dfrac{\beta K^2}{4} \\ H = -2\alpha S_0^2 - S_0^2\beta - \dfrac{\beta K^2}{2} + |K|\sqrt{4\alpha\beta S_0^2 + S_0^2\beta^2 + 3S_0^2\alpha^2} \end{cases} \quad, \tag{3.52}$$

où $\epsilon = \pm 1$. Sur la Fig. 3.11, la ligne rouge est produite par la première équation de (3.52) avec $\epsilon = -1$. La ligne bleue en haut est produite par la même équation avec $\epsilon = +1$. La ligne bleue en bas est produite par la deuxième équation de (3.52). L'équation pour la ligne de bitore peut se simplifier ainsi :

$$H = \cos^2\phi(K^2 - S_0^2) - \frac{\sin^2\phi}{2}K^2 \quad. \tag{3.53}$$

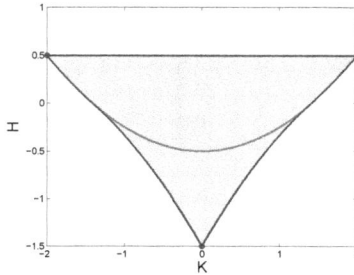

FIGURE 3.11 – Fibre HBT : Diagramme énergie-moment avec $\phi = \pi/4$. Chaque point de la zone grise correspond à un tore régulier dans l'espace des phase principal ($S^2 \times S^2$) et chaque point de la ligne rouge correspond à un bitore.

3.2.5   Attraction de polarisation

Lorsque l'on considère ce type de système contrapropagatif, un certain nombre de points communs finissent par émerger. Premièrement, si la longueur du milieu est infinie, alors les seules trajectoires non-périodiques possibles pour le système stationnaire sont celles qui utilisent les tores singuliers. Deuxièmement, le phénomène d'attraction de polarisation est observé seulement pour des états stationnaires, ou quasi-stationnaires. Troisièmement, on observe que pour une longueur finie du milieu, le système choisit de relaxer à proximité d'un tore singulier. De plus, la distance entre ce point et le tore décroît exponentiellement quand la longueur du milieu augmente. Enfin, toutes les trajectoires stationnaires stables observées sont monotones sur au moins une des composantes, de sorte que la longueur de la trajectoire observée soit inférieure à une période de la solution du système stationnaire en ce point. Dans toute la suite du mémoire, on utilisera le terme monotone dans le sens "au moins une des composantes est monotone".

A partir de ces observations, nous pouvons énoncer une conjecture et sa conséquence directe :

Conjecture : Les trajectoires stables vers lesquelles le système spatio-temporel relaxe sont monotones.

Conséquence : Le système spatio-temporel relaxe à proximité des tores singuliers.

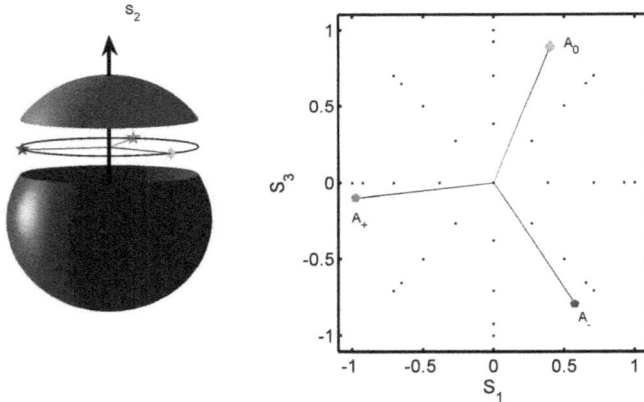

FIGURE 3.12 – Fibre isotrope - A gauche : représentation schématique du processus d'attraction pour une polarisation elliptique de la pompe, le cercle correspond à $J_z(L) = e$. Le losange vert représente la polarisation de la pompe. Quel que soit l'état de polarisation $\vec{S}(0)$, l'onde signal est attirée par deux états de polarisations spécifiques dont l'ellipiticité est celle de la pompe. Les points d'attraction sont représentés par les deux étoiles bleue et rouge et leurs bassins d'attraction sont représentés avec les couleurs correspondantes. - A droite : résultat de 64 simulations numériques avec une même onde pompe et différentes ondes signal. Les points noirs représentent $\vec{S}(0)$, les point bleus et rouges correspondent à $\vec{S}(L)$, les points verts à $\vec{J}(L)$.

Cette conséquence vient du fait que les tores singuliers contiennent les trajectoires possédant les périodes les plus longues. Tout le reste de cette section va être consacré aux conséquences de cette conjecture. Plus précisément, nous allons montrer comment cette seule conjecture permet de prédire vers quel état de polarisation l'onde signal va être attirée en fonction de la polarisation de l'onde pompe. Nous n'allons pas essayer de prouver cette conjecture, car cela demanderait une étude mathématique très lourde et sans garantie de succès.

Toutes les simulations numériques de l'évolution spatio-temporelle que nous présenterons par la suite ont été obtenues à partir de la "méthode des trajectoires" [87, 88]. Cette méthode est utilisée en optique non-linéaire pour intégrer numériquement des équations aux dérivées partielles du premier ordre.

Fibre isotrope

Ce cas est traité en détail dans [67, 68]. On commence par considérer le changement de variable :

$$\begin{cases} S_x = \sqrt{S_0^2 - I_s^2}\cos\phi_s \\ S_y = \sqrt{S_0^2 - I_s^2}\sin\phi_s \\ S_z = I_s \end{cases} ; \begin{cases} J_x = \sqrt{J_0^2 - I_p^2}\cos\phi_p \\ J_y = \sqrt{J_0^2 - I_p^2}\sin\phi_p \\ J_z = -I_p \end{cases} ,$$

pour réécrire l'hamiltonien sous la forme suivante :

$$H = 2\sqrt{(S_0^2 - I_f^2)(S_0^2 - I_b^2)}\cos(\phi_f - \phi_b) - \frac{I_f^2 + I_b^2}{2}. \tag{3.54}$$

On note $J_z(\xi = L) = e$ l'ellipticité de l'onde pompe injectée en $\xi = L$. On utilise ensuite la conjecture précédente en supposant que le système spatio-temporel se stabilise au voisinage de la seule singularité du diagramme énergie-moment, lequel est présenté sur la Fig. 3.8. D'après les calculs précédents, cela signifie que $K = S_z(\xi = L) - J_z(\xi = L) = 0$ et $H = -S_0^2$. Cela implique directement que le signal est attiré vers la même ellipticité que la pompe : $S_z(\xi = L) = e$. Finalement, on utilise $H = -S_0^2$ et l'équation (3.54) pour calculer l'orientation de l'ellipse vers laquelle le signal est attiré, i.e. l'angle $\phi_s(L)$ dans le plan $S_z = e$:

$$(S_0^2 - e^2)(2\cos(\phi_s - \phi_p) + 1) = 0 . \tag{3.55}$$

Nous avons deux cas : si la polarisation de la pompe est circulaire ($e = J_0$) alors le signal est attiré par le même état de polarisation circulaire. Nous retrouvons donc le résultat obtenu dans [75]. Si la polarisation de la pompe est elliptique alors l'orientation de l'ellipse du signal est reliée à celle de la pompe par :

$$\phi_s = \phi_p \pm \frac{2\pi}{3}. \tag{3.56}$$

Ce résultat est confirmé par les simulations numériques spatio-temporelles dont un exemple est donné sur la Fig. 3.12

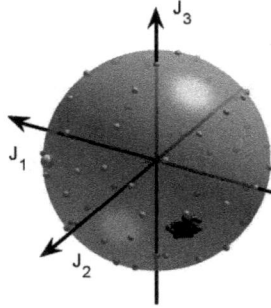

FIGURE 3.13 – Fibre télécom - Différentes simulations numériques du système spatio-temporel avec une même onde pompe. Les points verts et rouges représentent respectivement $\vec{S}(0)$ et $\vec{S}(L)$. Le point jaune représente $\vec{J}(L)$.

Fibre à biréfringence aléatoire

Nous avons vu précédemment que le système va être attiré par le point fixe situé en $K^2 = (S_0 - J_0)^2$. Dans le cas où $S_0 = J_0$, nous pouvons immédiatement prédire la polarisation du signal en fonction de la pompe grâce à $K^2 = 0$: $S_x(L) = -J_x(L)$, $S_y(L) = -J_y(L)$ et $S_z(L) = J_z(L)$. Ceci est confirmé par les simulations numériques du système spatio-temporel, comme le montre la Fig. 3.13. On observe sur cette figure que le phénomène d'attraction est moins précis que dans les Fig. 3.12 et 3.15. Cela s'explique par la position des singularités dans l'espace (H, K). Dans la fibre isotrope et la fibre avec torsion, les singularités dont le rôle est prépondérant sont loin des bords du diagramme. Par contre dans le cas télécom, les singularités correspondent aux valeurs limites de H et $\vec{K}$. Le système a donc moins de liberté sur la façon d'approcher ces singularités. Autrement dit, si on avait fait une réduction standard, on aurait vu que la singularité est positionnée sur le bord du diagramme. Le système ne peut donc pas l'approcher depuis toutes les directions puisqu'il est gêné par le bord du diagramme. Comme la convergence vers le tore singulier est plus difficile, la précision du phénomène d'attraction est moins bonne.

Finalement, notons que la différence de puissance $(S_0 \neq J_0)$ affecte fortement le processus d'attraction. Les simulations numériques montrent que pour $\Delta = |S_0 - J_0|/S_0$ de l'ordre de quelques pourcents, le système relaxe encore vers un état stationnaire, comme nous pouvons l'observer sur la Fig. 3.14. Pour de plus grandes valeurs de Δ, la dynamique spatio-temporelle ne converge plus vers un état stationnaire. Il ne semble pas exister de seuil net sur la valeur de Δ. Quand Δ augmente, nous observons numériquement que les solutions avec $\vec{S}(t = 0, z = 0)$ proches de $\vec{J}(t = 0, z = 0)$ ne relaxent plus vers un état stationnaire alors que les autres le font. Cette zone de conditions initiales telles que la relaxation est impossible s'étend ensuite avec l'augmentation de Δ, pour couvrir rapidement toute la sphère.

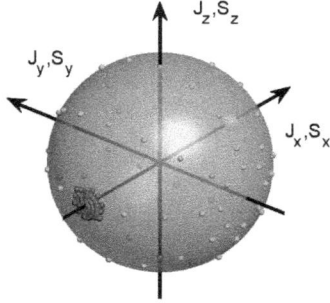

FIGURE 3.14 – Fibre télécom - Différentes simulations numériques du système spatio-temporel avec une même onde pompe et $\Delta = 0.05$. Les points verts et rouges représentent respectivement $\vec{S}(0)$ et $\vec{S}(L)$. Le point jaune représente $\vec{J}(L) = (1, 0, 0)$, pour $L = 15$.

Fibre hautement biréfringente avec torsion

D'un point de vue théorique, ce système est fondamentalement différent des deux précédents. En effet, nous avons vu qu'il existe une ligne de singularités dans le diagramme énergie-moment, à la place d'une singularité isolée dans les deux autres cas. Cette propriété a une conséquence directe sur l'attraction de polarisation, puisque le signal ne va plus être attiré par un ensemble discret d'états de polarisation mais par un ensemble continu d'états formant une ligne sur la sphère de Poincaré. De plus, il est possible d'obtenir de façon analytique l'équation de cette ligne, et celle-ci est particulièrement simple dans le cas $\phi = \pi/4$ et $[J_x(\xi = L) = 0, J_y(\xi = L) = 1, J_z(\xi = L) = 0]$ que nous allons détailler ici.
On remplace d'abord $S_z = K - J_z$ et $S_x = \pm\sqrt{S_0^2 - S_y^2 - S_z^2}$ dans l'équation (3.40), puis on utilise l'équation (3.53) pour faire disparaître H et on obtient :

$$S_y = K^2 - S_0^2 \quad .$$

On utilise ensuite cette expression et $J_z(z = L) = 0$ pour simplifier $S_x = \pm\sqrt{S_0^2 - S_y^2 - S_z^2}$:

$$S_x = \pm\sqrt{S_0^2 - K^2 - (S_0^2 - K^2)^2} \quad .$$

Finalement, comme $J_z = 0$, on a $S_z = K$ et on obtient donc une courbe paramétrique sur la sphère de Poincaré :

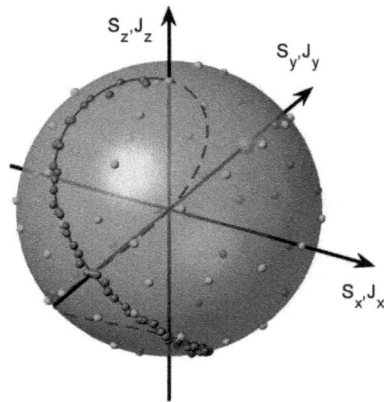

FIGURE 3.15 – Fibre HBT : Attraction de polarisation vers une ligne d'états de polarisation. Ce résultat est obtenu en intégrant numériquement 64 fois l'équation spatio-temporelle (3.27) sur une longueur $L = 5$ pour $\phi = \pi/4$. Les points verts et rouges représentent respectivement les états initiaux ($\vec{S}(\xi = 0)$) et finaux ($\vec{S}(\xi = L)$) de l'onde signal après stabilisation de la dynamique. Le point jaune représente la polarisation de l'onde pompe qui reste la même pour les 64 simulations. La ligne bleue est calculée analytiquement, la partie en pointillés correspond aux solutions instables qui ne sont pas sélectionnées par la dynamique spatio-temporelle.

$$\begin{cases} S_x = \pm\sqrt{S_0^2 - K^2 - (S_0^2 - K^2)^2} \\ S_y = K^2 - S_0^2 \\ S_z = K \end{cases} \qquad (3.57)$$

Cette équation dessine un huit sur la sphère, comme le montre la Fig. 3.15. Le même type de calcul peut être fait dans le cas général où $\vec{J}(L)$ et ϕ ne sont pas fixés. L'équation de la ligne prend alors une forme moins simple dépendant de K et $\vec{J}(L)$. On obtient toujours une forme en huit, mais déformée par rapport au cas simple, comme le montre la Fig. 3.16.

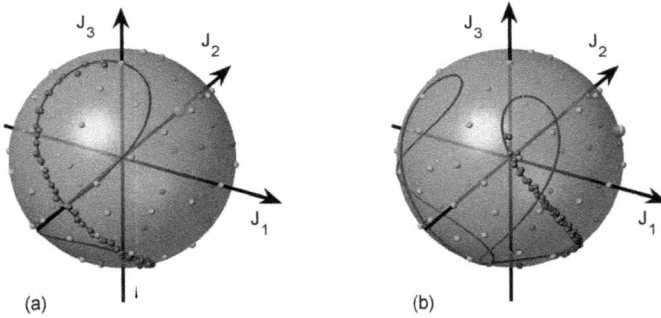

(a)   (b)

FIGURE 3.16 – Fibre HBT : Exemple de modification de la ligne d'attraction pour différentes valeurs de ϕ et de $\vec{J}(L)$. A gauche, les simulations sont faites avec $\phi = \frac{\pi}{4}$ et $\vec{J}(L) = (0, 1, 0)$, à droite nous avons $\phi = \frac{\pi}{5}$ et $\vec{J}(L) = (0.7, 0.7, 0)$. Le deuxième huit de droite correspond à des solutions instables.

Il est important de noter qu'il y a deux restrictions différentes à ce résultat.

• La première est due à la limite $J_z(L) = \pm J_0$ dans laquelle l'équation (3.40) ne dépend plus de $S_x(L)$ et $S_y(L)$. Dans cette limite les équations (3.40) et (3.53) ne sont plus compatibles et le système ne peut donc plus relaxer vers la ligne de tores singuliers. Ce point est illustré sur la Fig. 3.17 où nous avons calculé le domaine d'existence du phénomène d'attraction de polarisation en fonction de $J_z(L)$ dans le cas particulier où $J_x(L) = 0$ pour lequel le bord du domaine peut être obtenu analytiquement. On obtient d'abord S_y en fonction J_z et K avec la méthode utilisée pour obtenir l'équation (3.57) puis on utilise les limites $S_x = \pm S_0$ pour écrire :

$$K_{lim} = \frac{3}{2} J_z \pm \sqrt{4 - 3J_z^2 \pm 4\sqrt{1 - J_z^2}} \quad .$$

Il est clair dans cette figure que le domaine possible pour K tend vers zéro quand $J_z(L)$ tend vers $\pm J_0$.

113

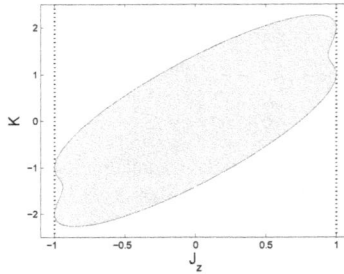

FIGURE 3.17 – Fibre HBT : Le domaine gris montre les valeurs possibles pour K en fonction de $J_z(L)$ quand $J_x(L) = 0$. Comme dans le reste de cette section, $S_0 = J_0 = 1$.

- La seconde restriction vient du fait que seulement la moitié du huit est stable sur la sphère de Poincaré. On peut l'observer dans les simulations numériques des Fig. 3.15 et 3.20. Cela s'explique aisément dans le cadre de notre conjecture. En effet, le système cherche les solutions "monotones", donc celles avec la période la plus longue. Or, sur un bitore, la dynamique n'est pas gênée par un pincement et le système peut osciller librement. Ces différentes trajectoires sont illustrées sur la Fig. 3.18. Certaines trajectoires, comme la trajectoire rouge de la Fig. 3.18, vont aller sur le recollement entre les deux tores formant le bitore, elles seront alors bloquées et ne pourront pas osciller. Dans le cadre de la conjecture, le système va donc choisir seulement ces dernières solutions. Ce point est illustré sur la Fig. 3.19.

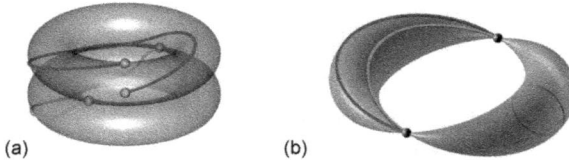

(a)   (b)

FIGURE 3.18 – (gauche) : Représentation schématique des différentes trajectoires sur un bitore. (droite) : Représentation schématique des trajectoires sur un tore pincé.

Enfin, cette ligne de bitore permet une application intéressante qui consiste à produire une polarisation elliptique à partir de deux polarisations rectilignes. Expérimentalement, la polarisation rectiligne étant bien plus simple à manipuler, cela pourrait donner une plus grande liberté de contrôle sur les polarisations elliptiques. Concrètement, si on considère une onde pompe et une onde signal injectée chacune avec une polarisation rectiligne dans une fibre ayant un paramètre de torsion $\phi = \pi/4$, alors l'onde signal en $\xi = L$ va être attirée par

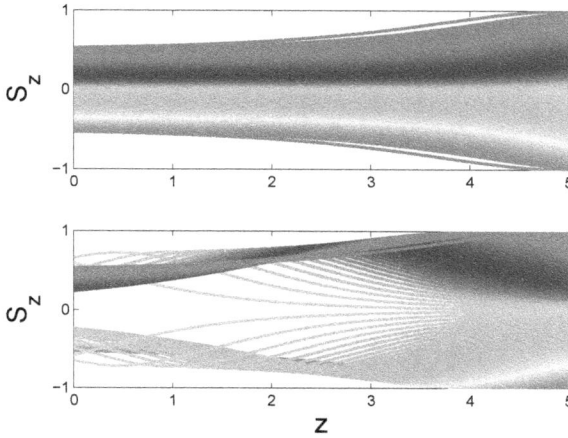

FIGURE 3.19 – Fibre HBT : Comportement monotone (haut) et non-monotone (bas) des solutions stationnaires correspondant respectivement aux parties stable et instable du huit sur la sphère de Poincaré.

un point précis du huit dont l'ellipticité dépend des deux angles qui déterminent les deux polarisations rectilignes utilisées. Une étude numérique permet de mettre en lumière le lien entre ces deux angles et la polarisation du signal en sortie. Nous avons fait un ensemble de simulations avec différentes valeurs de polarisation linéaire pour $\vec{J}(L)$. Ceci révèle que l'angle qui définit la polarisation rectiligne du signal $\vec{S}(0)$ permet de contrôler la position de l'état final sur la ligne du huit alors que l'angle associé à $\vec{J}(L)$ permet de faire tourner ce huit autour de l'axe z. Nous pouvons alors contrôler la polarisation elliptique produite en ajustant les polarisations linéaires en entrée. Cette application est illustrée sur la Fig. 3.20 dans laquelle le code couleur relie les polarisations rectilignes $\vec{S}(0)$ aux polarisations elliptiques correspondantes pour une polarisation rectiligne donnée de $\vec{J}(L)$. On note toutefois que les pôles ne sont pas atteints à cause de la restriction sur le domaine de K évoquée précédemment.

3.3 Auto-polarisation

3.3.1 Introduction

Le phénomène d'attraction de polarisation présenté jusqu'ici possède un grand potentiel du point de vue des applications, car il permet de polariser la lumière en évitant les variations d'intensité dépendantes de la polarisation. Pourtant, il contient également un inconvénient majeur. En effet, son principe est basé sur l'interaction avec un laser pompe. Un appareil construit sur ce principe ne pourrait pas fonctionner de façon passive. Pour faciliter la mise

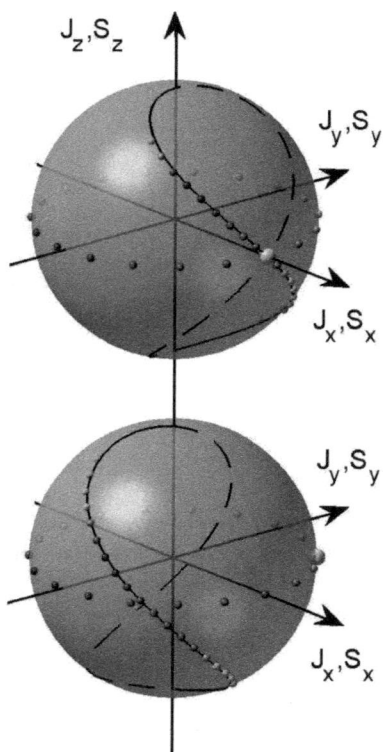

FIGURE 3.20 – Fibre HBT : Deux séries de simulations numériques avec deux valeurs différentes pour $\vec{J}(L)$ qui montrent la possibilité de produire une polarisation elliptique à partir de deux polarisations rectilignes. La ligne noire en trait plein et pointillés représente respectivement la partie stable et instable du huit. Les deux gros points jaunes marquent les deux valeurs de la polarisation de la pompe en $\xi = L$. Les petits points sur l'équateur (respectivement en dehors de l'équateur) représentent $\vec{S}(0)$ (respectivement $\vec{S}(L)$). Le code couleur relie les polarisations rectilignes $\vec{S}(0)$ aux polarisations elliptiques correspondantes.

en oeuvre des applications, il faudrait donc généraliser ce processus en supprimant le laser pompe. Concrètement, si on enlève la référence de polarisation contenue dans la pompe, cela signifie que l'on demande à la lumière de s'auto-polariser.

La génération spontanée de structures ordonnées à partir de la dynamique chaotique des équations aux dérivées partielles dissipatives est un phénomène connu. Un des premiers exemples étudiés fut les structures périodiques apparaissant comme solutions de l'équation de Navier-Stokes, en mécanique des fluides. Par exemple, les rouleaux thermo-convectifs [89, 90, 91] ont fait l'objet de nombreuses recherches depuis le milieu du 20ème siècle. En optique non-linéaire, G. D'Alessandro et ses collaborateurs ont mis en évidence la formation de structures spatiales dans un système faisant interagir le signal et sa réflexion par un miroir [92]. En suivant cette intuition, les exprimentateurs S. Pitois, J. Fatome et P. Morin, du groupe de G. Millot à Dijon, ont placé un miroir en sortie de la fibre optique, à la place de la pompe dans le but de montrer que le signal peut se polariser en interagissant avec lui-même. C'est ce résultat expérimental que nous allons tenter d'expliquer par la suite avec nos outils géométriques.

Nous travaillons dans les fibres optiques télécom présentées précédemment. Rappelons les équations qui régissent la propagation de la polarisation dans ce type de fibre :

$$\begin{cases} \dfrac{\partial \vec{S}}{\partial t} + \dfrac{\partial \vec{S}}{\partial z} = -\alpha \vec{S} + \vec{S} \times (\mathcal{I}\vec{J}) \\ \dfrac{\partial \vec{J}}{\partial t} - \dfrac{\partial \vec{J}}{\partial z} = -\alpha \vec{J} + \vec{J} \times (\mathcal{I}\vec{S}) \end{cases}. \tag{3.58}$$

Contrairement aux études précédentes, nous tenons compte des pertes le long de la fibre, déterminées par le coefficient α. La polarisation de l'onde signal est donnée par le vecteur $\vec{S} = (S_x, S_y, S_z)$, et la polarisation de l'onde réfléchie par $\vec{J} = (J_x, J_y, J_z)$. Nous avons de plus $\mathcal{I} = \text{Diag}(-1, -1, 1)$ et L représente la longueur de la fibre. La principale différence entre ce système et le système étudié précédemment se trouve dans les conditions aux bords. Nous avons à chaque instant t :

$$\begin{aligned} &\vec{S}(z = 0, t) \text{ fixé} \\ &\vec{J}(z = 0, t) \text{ libre} \\ &\vec{S}(z = L, t) = \rho \mathcal{R}_x(\theta)\mathcal{R}_y(\beta)\mathcal{R}_z(\chi)\vec{J}(z = L, t) \end{aligned}. \tag{3.59}$$

Le coefficient ρ est fixé et inférieur à 1 si l'on considère les pertes d'un simple miroir. Il peut être ajusté entre 0 et 2 si l'on considère une boucle de réinjection possédant un amplificateur. Les matrices R_i sont les matrices de rotation autour de chaque axe. Par exemple, la rotation autour de l'axe O_z s'écrit :

$$\mathcal{R}_z(\chi) = \begin{pmatrix} \cos\chi & \sin\chi & 0 \\ -\sin\chi & \cos\chi & 0 \\ 0 & 0 & 1 \end{pmatrix}. \tag{3.60}$$

Ces rotations représentent les rotations inconnues engendrées par la boucle de réinjection. En effet, lorsque l'onde circule le long d'une fibre optique, une biréfringence linéaire apparait, qui entraîne une rotation de l'état de polarisation, en fonction des torsions de la fibre, des variations de température, etc. Les divers éléments de la boucle de réinjection, comme l'amplificateur, sont reliés par de courtes fibres optiques. De plus, l'amplificateur ajoute une rotation qui dépend de ρ. Il existe donc forcément une rotation inconnue lors du passage dans cette boucle.

3.3.2 Étude analytique

Pour l'étude analytique, nous considérons $\alpha = \theta = \beta = \chi = 0$ et $\rho = 1$. Numériquement, nous observons que le système relaxe vers un état stationnaire, c'est ce dernier que nous allons étudier. En reprenant la méthode utilisée pour obtenir l'équation (3.48) et en utilisant les conditions au bord du côté du miroir : $K_x = S_x + J_x = 2S_x(L)$, $K_y = S_y + J_y = 2S_y(L)$, $K_z = S_z - J_z = 0$, nous obtenons :

$$\begin{cases} S_x(z) = \dfrac{2S_z(L)S_y(L)}{\omega}\left(B\cos(\omega z) - A\sin(\omega z)\right) + S_x(L) \\[2mm] S_y(z) = \dfrac{2S_x(L)S_z(L)}{\omega}\left(-B\cos(\omega) + A\sin(\omega)\right) + S_y(L) \\[2mm] S_z(z) = S_z(L)\left(B\sin(\omega z) + A\cos(\omega z)\right) \end{cases} \qquad (3.61)$$

et

$$\begin{cases} J_x(z) = \dfrac{2S_z(L)S_y(L)}{\omega}\left(-B\cos(\omega z) + A\sin(\omega z)\right) + S_x(L) \\[2mm] J_y(z) = \dfrac{2S_x(L)S_z(L)}{\omega}\left(B\cos(\omega z) - A\sin(\omega z)\right) + S_y(L) \\[2mm] J_z(z) = S_z(L)\left(B\sin(\omega z) + A\cos(\omega z)\right) \end{cases} \qquad (3.62)$$

avec

$$\begin{aligned} \omega &= \sqrt{K_x^2 + K_y^2} \\ A &= \cos(L\omega) \\ B &= \sin(L\omega) \end{aligned} \qquad (3.63)$$

De plus, on observe numériquement que le système se stabilise au voisinage de la solution correspondant à la stabilité hamiltonienne $K_x = K_y = K_z = 0$. Les conditions aux bords entraînent $S_x(L) = S_y(L) = 0$ et $S_z(L) = \pm 1$. Ainsi, le système choisit une polarisation circulaire au niveau du miroir, de façon indépendante à la polarisation appliquée en entrée. Cette polarisation circulaire a d'abord été prédite théoriquement, avant d'être confirmée expérimentalement par le groupe de G. Millot dans les expériences que nous décrivons dans la section 3.3.4.

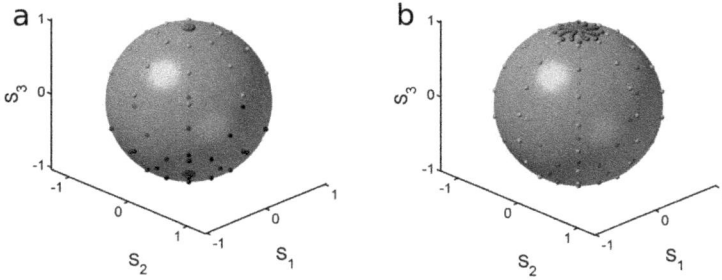

FIGURE 3.21 – (gauche) : 64 simulations numériques avec différentes valeurs de $\vec{S}(z = 0)$, représentées par les points verts et bleus. Les points rouges correspondent à $\vec{S}(z = L)$ après relaxation. Les simulations sont réalisées avec $\rho = 1$ et aucune rotation. (droite) : même principe mais avec une rotation de $\pi/4$ sur O_z et $\rho = 1.2$.

3.3.3 Étude numérique

En réalité, tout l'intérêt de ce système repose dans le comportement non-stationnaire des ondes, lequel ne se prête pas facilement à une analyse analytique. Nous allons étudier numériquement l'influence du facteur de réinjection ρ et de la rotation au niveau du miroir, en prenant en compte les pertes le long de la fibre. Remarquons d'abord que si l'on ajoute une rotation non nulle au niveau de la réinjection, et si $\vec{S}(L)$ reste encore attiré par les pôles, alors le système ne peut plus être stationnaire. En effet, les conditions imposées par la rotation et l'état circulaire sont incompatibles avec les constantes du mouvement. Pourtant, numériquement, nous observons encore une attraction vers les états circulaires dans certains cas. Ce qui signifie que l'onde au niveau du miroir est stationnaire mais qu'elle ne l'est pas dans le reste de la fibre. Toutes les simulations sont faites avec $L = 6.3$ et $\alpha = 0.0387$, valeurs qui proviennent des expériences, comme expliqué dans la suite. Nous observons trois régimes en fonction de la valeur de ρ.

ρ faible : oscillations

Si $\rho = 0$, il n'existe pas d'onde réfléchie avec laquelle le signal peut interagir. Il va donc ressortir en un certain point M. Nous venons de voir que, pour $\rho = 1$, le signal est attiré au niveau du miroir par la polarisation circulaire. Quand ρ reste faible, quelque soit la rotation, on observe que l'état de polarisation en L oscille entre le point M et une des deux polarisations circulaires. Ce comportement est illustré sur la Fig. 3.24.

$\rho = 1$: attraction vers les pôles

Lorsque $\rho = 1$, le signal est attiré en $z = L$ par une polarisation circulaire quelle que soit les valeurs des angles β, θ et χ. Le choix du pôle dépend des conditions en $z = 0$. Il existe

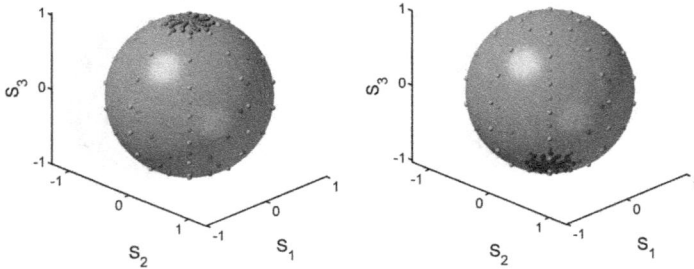

FIGURE 3.22 – Attraction vers un seul pôle pour $\rho = 1.2$, $\theta = \beta = 0$, $\chi = \frac{\pi}{4}$ à gauche et $\chi = -\frac{\pi}{4}$ à droite

deux bassins d'attraction : si $\vec{S}(0)$ se trouve dans l'hémisphère nord, alors la polarisation en L sera attirée vers le pôle nord, et vice-versa. Ces domaines sont illustrés sur la Fig. 3.21(a).

$\rho > 1$: le rôle de la rotation

Quand le signal est amplifié avant d'être réinjecté, nous observons différents comportements selon la rotation appliquée. Si aucune rotation n'entre en jeu, alors on observe toujours une attraction vers les deux pôles. Par contre, si la rotation est non nulle, nous observons une attraction vers un seul point. Si la rotation n'est qu'une rotation autour de O_z, alors $\vec{S}(L)$ est attiré par les pôles. Le choix du pôle dépend du signe de χ, comme le montre la Fig. 3.22. Si les rotations autour des autres axes sont non nulles, alors le point d'attraction est décalé sur la sphère, comme illustré sur la Fig. 3.23.

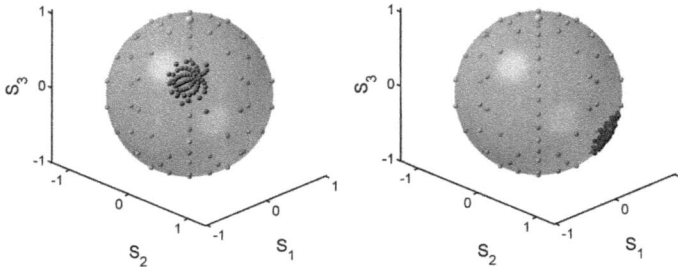

FIGURE 3.23 – Attraction vers un seul pôle pour $\rho = 1.2$ et $\chi = 0$. À gauche : $\theta = \frac{\pi}{2}$ et $\beta = \frac{\pi}{2}$. À droite : $\theta = \frac{\pi}{2}$ et $\beta = -\frac{\pi}{2}$. La position du pôle est rappelée par un point jaune.

Ces différents résultats sont résumé dans le tableau 3.1.

θ_z ρ	0	$\pi/4$	$-\pi/4$
0.5	oscillations	oscillations	oscillations
1	2 pôles	2 pôles	2 pôles
1.2	2 pôles	pôle nord	pôle sud

TABLE 3.1 – Résumé des différents régimes de l'auto-polarisation.

3.3.4 Comparaison expérimentale

Ces résultats ont été testés expérimentalement dans l'équipe de G. Millot, à Dijon. L'expérience a été réalisée avec une fibre de silice ($n = 1.46$) de 5.3 km qui possède un coefficient non-linéaire Kerr de $\gamma = 1.7$ W^{-1}km^{-1}. La puissance injectée en entrée était de $e_0^2 = 700$ mW. La normalisation nous donne :

$$\tau_0 = \frac{n}{\gamma c e_0^2} = 4,1\mu s$$
$$\Lambda_0 = \frac{1}{\gamma e_0^2} = 840m \qquad \cdot \qquad (3.64)$$
$$L_{norm} = 6.3$$

Les pertes le long de la fibre sont de 0.2 dB/km, *i.e.* $1 - 10^{-1.06/10} = 22$ %. Ce qui nous donne $\alpha = 0.0387$.

Cette expérience a permis de confirmer l'attraction vers la polarisation circulaire, ainsi que l'existence des différents régimes. Deux types de montage ont été réalisés. Dans le premier, le signal était renvoyé en bout de fibre par un miroir de Bragg, qui fixait la valeur de ρ et la rotation. Dans le deuxième, le miroir était remplacé par une boucle de réinjection incluant un amplificateur et un contrôleur de polarisation, ce qui permettait de modifier ρ et la rotation. Le comportement du système expérimental a confirmé qualitativement les prédictions théoriques dans les deux cas.

De plus, dans le cas du miroir de Bragg, nous avons estimé la valeur effective de $\rho \approx$ 0.6 et réalisé une comparaison directe de la dynamique dans le cas oscillant $\rho < 1$. Par contre, l'expérience ne permet pas de connaître la polarisation initiale $\vec{S}(z = 0)$. Or la fréquence des oscillations dépend assez fortement de cette condition initiale. Nous avons ajusté numériquement la condition au bord pour que les fréquences correspondent aux données expérimentales, le résultat est présenté Fig. 3.24. La trajectoire possède globalement la même forme, ce qui signifie que le modèle théorique inclut dans l'ensemble de ses solutions des solutions compatibles avec l'expérience. En effet, on peut supposer que la condition au bord choisie pour les simulations corresponde à la condition au bord de l'expérience, vu l'accord entre les courbes. Mais pour le vérifier, il aurait fallut mesurer cette condition au bord expérimentalement, *i.e.* mesurer la polarisation en entrée. Or, ce n'était pas possible car le seul polarimètre disponible à ce moment-là était déjà utilisé pour mesurer la polarisation au niveau du miroir.

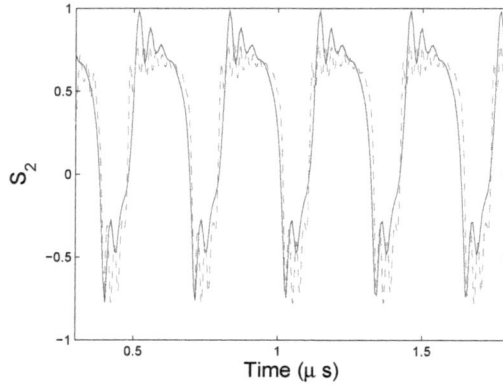

FIGURE 3.24 – Comparaison entre l'expérience (bleu) et la théorie (pointillés rouges) pour $\rho = 0.6$.

3.3.5 Remarques sur les applications possibles

L'idée de départ était de créer un polariseur sans fluctuation d'intensité. Ceci peut-être réalisé dans le régime $\rho > 1$: le signal est attiré vers un état de polarisation précis quelque soit sa polarisation initiale. Toutefois, un des buts était la création d'un polariseur passif, ce qui n'est pas vraiment le cas ici. En effet, même si nous n'avons plus de laser pompe, nous avons besoin d'un amplificateur en sortie. Une autre application est rendue possible par cette étude. En configuration passive, avec le miroir de Bragg, le système est un séparateur de polarisation. En effet, pour un ensemble d'états répartis aléatoirement sur toute la sphère de Poincaré, la moitié va être attirée par la polarisation circulaire gauche et l'autre moitié par la polarisation circulaire droite. De plus, ces deux applications peuvent être fusionnées dans un seul système en configuration active. Pour passer de l'un à l'autre, il suffit d'ajuster la valeur de l'amplification.

Enfin, remarquons le caractère universel des états de polarisation créés en sortie. Ceux-ci ne dépendent ni de l'état de polarisation en entrée, ni des conditions environnementales comme les fluctuations thermiques. Cela ne dépend même pas de la fibre utilisée, tant qu'elle reste une fibre à biréfringence aléatoire. En effet, les expériences ont été menées avec des fibres possédant différentes longueurs et différentes contraintes mécaniques. Ces paramètres n'ont pas modifié l'état de polarisation circulaire en sortie.

Chapitre 4

Monodromie

4.1 Introduction

Dans ce chapitre, nous allons nous pencher sur une autre conséquence des singularités hamiltoniennes : la monodromie [36]. L'aspect mathématique de ce concept a été présenté dans le chapitre 1. Dans cette section, nous allons nous contenter de rappeler les bases de ce concept de façon imagée. Le mot "monodromie", est généralement utilisé pour parler de la façon dont un objet se comporte lorsqu'il tourne autour d'une singularité[1]. Par exemple, en analyse complexe, le théorème des résidus produit une intégrale dont la valeur ne dépend que des singularités présentes à l'intérieur du chemin d'intégration. Quand on intègre le long de ce chemin, on "tourne autour" de la singularité et le résultat de l'intégrale est relié à une forme de monodromie, dite de Gauss-Manin [93]. Dans cet exemple, la singularité est un pôle d'une surface de Riemann. Dans notre cas, nous allons étudier la monodromie dite hamiltonienne, qui est produite par les tores singuliers de l'espace des phases d'un système hamiltonien intégrable.

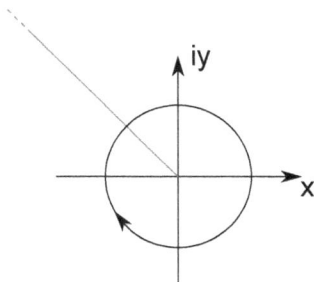

FIGURE 4.1 – Ligne de coupure (en rouge) dans le plan complexe. Le logarithme est continu le long du cercle noir, sauf lorsqu'il traverse la ligne de coupure.

---

1. La monodromie est à rapprocher de la phase de Berry, mais n'est pas complètement analogue. En effet, la phase de Berry est un phénomène géométrique, qui dépend de la courbure de l'espace, et donc du parcours choisi. La monodromie est un phénomène topologique qui ne dépend que de la connexité de l'espace.

La monodromie hamiltonienne a été introduite en mathématique par N. Nekhoroshev et J. J. Duistermaat [32, 5] respectivement en 1972 et 1980. La monodromie est présentée comme l'obstruction la plus simple à l'existence de variable actions-angles globales. Quelques années plus tard, le concept de monodromie quantique a été introduit en physique mathématique par R. Cushman et J.J. Duistermaat [94]. Il fallut ensuite attendre la fin du millénaire avant que ce concept ne soit appliqué en physique, notamment grâce à R. Cushman, B. I. Zhilinskií et D. A. Sadovskií [95, 96]. Les premières études ont été menées en mécanique quantique sur l'atome d'hydrogène [95] et les spectres vibrationnels de molécules simples [97]. Ces études ont montré l'existence d'une monodromie non-triviale standard dans ces systèmes. Parallèlement, S. Vũ Ngoc consolida les bases mathématiques de la monodromie quantique grâce à une approche semi-classique [98]. Puis le concept a été généralisé avec le développement de la monodromie fractionnaire [99, 93] et de la bidromie [100, 101].

Revenons sur l'exemple de la monodromie en analyse complexe qui permet de comprendre un autre aspect de ce phénomène. On sait qu'il est impossible de définir certaines fonctions analytiques comme le logarithme complexe de façon continue dans le plan complexe. Tant que l'on considère un domaine du plan complexe ne contenant pas la singularité $(0,0)$, on peut toujours construire localement une fonction logarithme continue. Mais lorsque l'on considère un domaine qui englobe la singularité en $(0,0)$ alors cela devient impossible de définir le logarithme de façon continue, on doit ajouter une ligne de coupure, comme le montre la Fig. 4.1. Ainsi, la monodromie, lorsqu'elle est *non-triviale*, constitue une obstruction à la définition globale de certaines grandeurs. Celles-ci ne seront bien définies que localement. Dans le cas de la monodromie hamiltonienne, ces grandeurs sont les variables actions-angles.

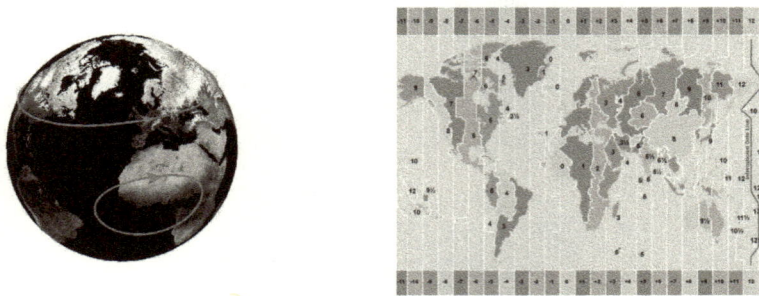

FIGURE 4.2 – Un parcours autour des pôles traverse l'ensemble des fuseaux horaires dans un seul sens. Un tour du monde qui n'entoure pas les pôles ne produit pas de décalage horaire.

Notre but sera de montrer que la monodromie hamiltonienne non-triviale est présente dans différents systèmes physiques. Nous nous pencherons d'abord sur le spectre vibrationnel de la molécule HOCl, puis nous analyserons plusieurs exemples de monodromie dynamique dans les fibres optiques. Mais avant cela nous allons commencer par nous familiariser avec les effets de la monodromie en étudiant trois systèmes simples.

4.1.1 Jules Verne et la monodromie

Pour éclairer le lecteur, nous allons d'abord considérer une version vulgarisée de la monodromie en étudiant le roman de Jules Verne, "le tour du monde en 80 jours" [102]. Dans ce roman, le personnage principal Phileas Fogg gagne son pari grâce à la monodromie. Ce dernier parie 20000 £ avec des amis qu'il arrivera à faire le tour du monde en 80 jours avec les moyens de transport modernes de l'époque : train et bateau à vapeur. Au terme d'un voyage riche en péripéties, il revient chez lui au bout de 81 jours, qu'il a comptés en se basant sur les levés et couchés de soleil le long de son parcours. Il pense avoir perdu son pari, pourtant il n'en est rien. En effet, il voyageait d'Ouest en Est, gagnant une heure à chaque traversée de fuseau horaire. Au total, dans le référentiel du temps de Londres d'où il est parti, il a effectivement réussi son tour du monde en 80 jours.

Ce décalage est en fait une trace de la monodromie liée à la grandeur mesurée : l'heure solaire. En effet, l'heure solaire n'est pas bien définie aux pôles terrestres [2]. Or, son trajet a tourné autour des pôles (Fig.4.2), permettant ainsi de recevoir l'influence de la monodromie non-triviale. Les pôles constituent ainsi des singularités de la grandeur mesurée (l'heure solaire), ce qui introduit un décalage fixe dans la mesure de cette grandeur sur un parcours fermé autour des pôles. Ce décalage est de ±24h, selon le sens du trajet. Ce décalage fixe, qui ne dépend que des singularités entourées par le chemin, est caractéristique de la monodromie.

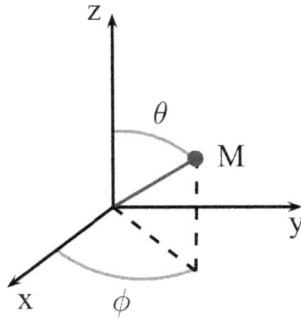

FIGURE 4.3 – Pendule sphérique

4.1.2 Un exemple en mécanique classique : Le pendule sphérique

Le pendule sphérique est l'exemple historique utilisé par Duistermaat pour mettre en valeur la monodromie hamiltonienne. Considérons un pendule rigide dont le mouvement prend place sur une sphère. Ce pendule est représenté schématiquement sur la Fig. 4.3.

---

2. Sur 80 jours il n'y pas de cycle jour-nuit aux pôles terrestres.

Ce système est intégrable, avec comme constantes du mouvement l'énergie E et le moment cinétique $J = \dot{\phi}$. Pour visualiser la monodromie, on introduit l'*angle de rotation* Θ, défini dans le chapitre 1. Dans ce système, il peut être vu comme l'angle entre le point initial et le point de la trajectoire correspondant au moment où le pendule revient à la même latitude avec la même vitesse, comme illustré Fig. 4.4. On observe ensuite l'évolution de cet angle lorsque l'on suit un parcours fermé dans le diagramme énergie-moment. Si la boucle entoure la singularité alors $\Theta_f - \Theta_i = 2\pi$ sinon $\Theta_f - \Theta_i = 0$. Ce décalage de 2π est caractéristique d'une monodromie non-triviale.

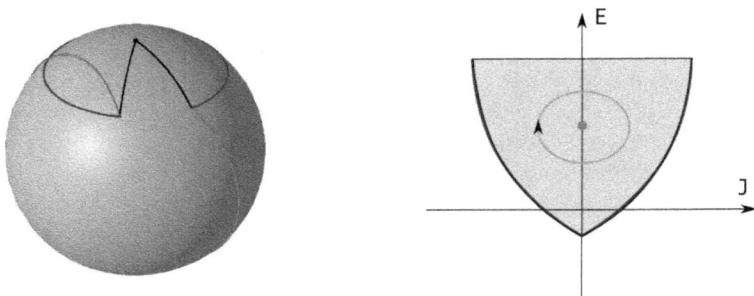

FIGURE 4.4 – Angle de rotation et diagramme énergie-moment pour le pendule sphérique.

4.1.3 Un exemple en mécanique quantique : deux moments cinétiques couplés

Le concept de monodromie quantique a été introduit en physique mathématique en 1988 par R. Cushman et J.J. Duistermaat [94]. Cette notion a ensuite continué à se développer en mathématique [98] et en physique moléculaire [95, 97, 96, 100, 103]. La monodromie quantique est définie dans la limite semi-classique [104] à partir de la monodromie classique. La grande différence réside dans l'aspect discret du diagramme énergie-moment quantique. Le spectre des états possibles forme un réseau de points qui remplit le diagramme quantique. En mécanique semi-classique, le pas du réseau dépend de la valeur de $\hbar$, on retrouve un diagramme continu dans la limite $\hbar \to 0$. Mesurer la monodromie devient alors très simple, il suffit de déplacer une cellule de base du réseau parallèlement aux lignes de ce réseau, et de regarder si au bout d'un tour complet cette cellule a été ou non déformée. Ce processus est illustré sur la Fig. 4.5 dans le cas de deux moments cinétiques couplés [96]. L'hamiltonien et la constante du mouvement s'écrivent :

$$H = \frac{1-\gamma}{|\vec{S}|} S_z + \frac{\gamma}{|\vec{S}||\vec{N}|} \vec{S}.\vec{N}, \quad J_z = N_z + S_z \quad . \tag{4.1}$$

Ce système comporte une singularité hamiltonienne représentée par un point noir dans la Fig. 4.5. Cette singularité se traduit également par un défaut dans le réseau de points de telle sorte que la cellule de base se retrouve déformée après un tour complet autour de cette singularité, de la même façon que l'angle de rotation subit un décalage dans les systèmes de mécanique classique.

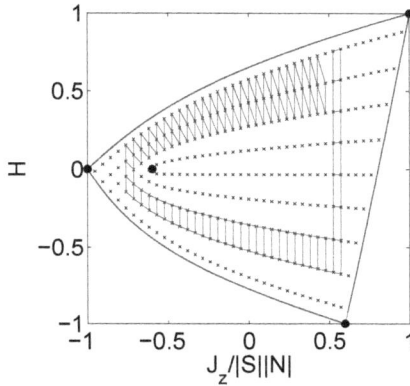

FIGURE 4.5 – Diagramme énergie-moment quantique pour deux moments cinétiques couplés. Transport parallèle d'une cellule le long du réseau.

4.2 Monodromie dans le spectre de HOCl

4.2.1 Introduction

La description et la compréhension des spectres moléculaires a toujours été l'un des buts principaux de la physique moléculaire, tant d'un point de vue experimental que théorique [103]. La dynamique vibrationnelle de molécules polyatomiques suffisamment rigides peut être reproduite par un hamiltonien effectif pour une majeure partie des niveaux d'énergie. Cet hamiltonien est obtenu en ajustant les coefficients à partir d'un ensemble de valeurs expérimentales des niveaux d'énergie [105] ou bien en appliquant la théorie des perturbations canoniques à une surface d'énergie potentielle calculée par une approche *ab initio* [106]. Certains de ces hamiltoniens effectifs sont intégrables, ce qui permet d'étudier l'influence de la monodromie hamiltonienne sur ces systèmes. La molécule HCN a déjà été étudiée de cette façon [107] mais seule une monodromie standard a été observée. Il reste donc à montrer que ce type de spectre peut également contenir des monodromies généralisées, ceci constitue l'objectif de cette section.

On se place dans le système de coordonnées internes (r, γ, R) de la molécule, aussi appelées coordonnées de Jacobi. Les coordonnées r et R décrivent respectivement l'élongation $H - O$ et $Cl - O$ et la coordonnée γ décrit l'angle entre $H - O$ et $O - Cl$, comme illustré sur la Fig. 4.6. Nous allons d'abord effectuer une étude de l'hamiltonien effectif dans le cadre de la mécanique classique pour mettre en valeur la structure des singularités. Ensuite, nous réaliserons l'étude du spectre quantique correspondant pour mettre en évidence la présence

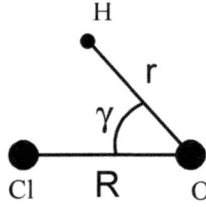

FIGURE 4.6 – Représentation schématique des coordonnées internes de la molécule $HOCl$.

de monodromie généralisée.

4.2.2 Étude classique

On considère le spectre vibrationnel de la molécule HOCl. Celui-ci peut être décrit par un hamiltonien effectif dont les coefficients ont été ajustés à partir d'un ensemble de niveaux d'énergie donnés par un calcul *ab initio* [108]. Il s'avère que la structure du spectre s'appuie sur la structure de l'espace des phases de l'hamiltonien classique correspondant. Nous allons donc commencer par travailler sur celui-ci. On l'exprime en terme des modes normaux $(q_1, p_1, q_2, p_2, q_3, p_3)$ qui dans ce cas précis sont très proches des coordonnées internes. Les modes 1, 2 et 3 sont respectivement reliés aux coordonnées r, γ et R définis sur la Fig 4.6. Cet hamiltonien se décompose en deux parties :

$$H = H_D + H_F \quad , \tag{4.2}$$

où H_D est le développement de Dunham, qui est la façon la plus simple de décrire les modes vibrationnels. Le terme H_F décrit la résonance 1 : 2 entre le mode de pliage et l'élongation selon OCl. La résonance entre le mode de pliage et l'élongation selon OH n'est pas considérée ici car elle ne produit qu'un décalage faible de quelques niveaux [108]. Ces deux parties s'écrivent :

$$
\begin{aligned}
H_D = &\sum_i \frac{\omega_i}{2}(p_i^2 + q_i^2) + \sum_{i \leq j} \frac{x_{ij}}{4}(p_i^2 + q_i^2)(p_j^2 + q_j^2) + \sum_{i \leq j \leq k} \frac{y_{ijk}}{8}(p_i^2 + q_i^2)(p_j^2 + q_j^2)(p_k^2 + q_k^2) \\
&+ \sum_{i \leq j \leq k \leq m} \frac{z_{ijkm}}{16}(p_i^2 + q_i^2)(p_j^2 + q_j^2)(p_k^2 + q_k^2)(p_m^2 + q_m^2) \\
&+ \sum_{i \leq j \leq k \leq m \leq n} \frac{z_{ijkmn}}{32}(p_i^2 + q_i^2)(p_j^2 + q_j^2)(p_k^2 + q_k^2)(p_m^2 + q_m^2)(p_n^2 + q_n^2)
\end{aligned}
\tag{4.3}
$$

et

$$
\begin{aligned}
H_F = &\frac{1}{\sqrt{2}} \left[(q_3^2 + p_3^2)q_2 + 2q_3 p_3 p_2 \right] (k + \sum_i \frac{k_i}{2}(p_i^2 + q_i^2) + \\
&\sum_{i \leq j} \frac{k_{ij}}{4}(p_i^2 + q_i^2)(p_j^2 + q_j^2))
\end{aligned}
\tag{4.4}
$$

Toutes les valeurs des coefficients [3] sont données dans [108]. Par exemple, nous avons $\omega_1 = 3788.47$ cm^{-1}, $\omega_2 = 1245.09$ cm^{-1}, $\omega_3 = 739.685$ cm^{-1}, ce qui montre que nous ne sommes pas exactement sur une résonance 1 : 2 puisque $\omega_3/\omega_2 = 0.59$. Cependant cette proximité est suffisante pour que le spectre soit fortement influencé par cette résonance. Ce système possède trois degrés de liberté et trois constantes du mouvement : H, $I_1 = (p_1^2 + q_1^2)/2$, $I = p_2^2 + q_2^2 + (p_3^2 + q_3^2)/2$, c'est donc un système intégrable. Pour faciliter l'étude, nous allons fixer $I_1 = 0.5$, mais une étude similaire est faisable pour les autres valeurs de I_1.

Passons maintenant au calcul du diagramme énergie-moment. Contrairement à certains exemples du chapitre précédent, ce système est trop complexe pour faire une étude entièrement analytique. Nous allons calculer numériquement les points pour lesquels les 1-formes dI et dH sont colinéaires. Pour cela, nous commençons par un changement de variable :

$$\begin{cases} q_k = \sqrt{2I_k}\cos\phi_k \\ p_k = \sqrt{2I_k}\sin\phi_k \end{cases} . \tag{4.5}$$

Ce changement de variable n'est valable que localement, puisqu'il n'est pas défini pour $I_k = 0$. Cela transforme l'hamiltonien comme suit :

$$\begin{aligned} H_D &= \omega_1 I_1 + \sum_{i\leq j} x_{ij} I_i I_j + \sum_{i\leq j\leq k} y_{ijk} I_i I_j I_k + ... \\ H_F &= 2\sqrt{I_2}I_3 \cos(\phi_2 - 2\phi_3)(k + \sum_i k_i I_i + ...) \end{aligned} . \tag{4.6}$$

Finalement, pour rejoindre les notations usuelles de spectroscopie, nous introduisons les coordonnées (I,θ) and (J,ψ) telles que :

$$\begin{cases} I = 2I_2 + I_3 \\ J = 2I_2 \\ \theta = \phi_3 \\ \psi = \dfrac{\phi_2}{2} - \phi_3 \end{cases} , \tag{4.7}$$

avec les contraintes $I \geq J$ and $J \geq 0$. L'hamiltonien ne dépend pas de θ puisque I est une constante du mouvement. Comme nous l'avons vu dans le chapitre 1, la position des singularités hamiltoniennes correspond aux valeurs des constantes du mouvement telles que les 1-formes dH et dJ sont linéairement dépendantes. Nous pouvons exprimer les 1-formes dans ces nouvelles coordonnées :

$$\begin{aligned} dI &= dI \\ dH &= \frac{\partial H}{\partial I}dI + \frac{\partial H}{\partial J}dJ + \frac{\partial H}{\partial \psi}d\psi + \frac{\partial H}{\partial \theta}d\theta \end{aligned} . \tag{4.8}$$

---

3. Il y a deux coefficients erronés dans [108], les valeurs correctes, vérifiées par les auteurs, sont $y_{233} = +0.2503$ cm^{-1} and $y_{123} = -0.4304$ cm^{-1}

Comme H ne dépend pas de θ, cela mène finalement aux relations :

$$\begin{cases} \dfrac{\partial H}{\partial J} = 0 \\[2mm] \dfrac{\partial H}{\partial \psi} = 0 \end{cases}. \tag{4.9}$$

La résolution numérique de ces équations donne les différentes lignes de la Fig. 4.7. Comme

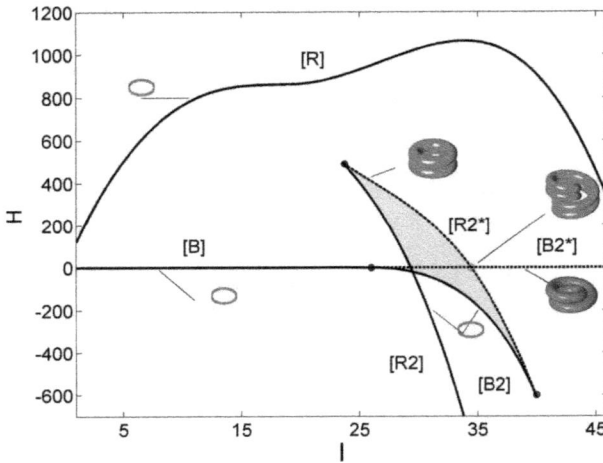

FIGURE 4.7 – Diagramme énergie-moment avec les positions des lignes singulières pour $I = 0.5$. L'énergie des lignes [B] et [B2*] a été soustraite aux autres énergie pour clarifier la présentation. La région grise représente la zone où les feuillets se superposent.

on peut le voir sur cette figure, le diagramme énergie-moment est composé de trois feuillets (R), (R2) et (B2). Ces notations sont reliées aux noms des lignes singulières extérieures qui définissent les bords des feuillets [108]. Ces derniers sont séparés par les lignes en pointillés qui correspondent aux lignes singulières dont nous pouvons comprendre la nature avec les outils de la réduction singulière présentés au chapitre 1.

Les polynômes suivants sont invariants sous le flot de I :

$$\begin{cases} I = p_2^2 + q_2^2 + \dfrac{1}{2}(p_3^2 + q_3^2) \\[2mm] \pi_1 = \dfrac{1}{2}(p_3^2 + q_3^2) - (p_2^2 + q_2^2) \\[2mm] \pi_2 = \sqrt{2}[(p_3^2 + q_3^2)q_2 + 2q_3 p_3 p_2] \\[2mm] \pi_3 = \sqrt{2}[(p_3^2 + q_3^2)p_2 - 2q_3 p_3 q_2] \end{cases}. \tag{4.10}$$

FIGURE 4.8 – Représentation d'un tore enroulé plongé dans un espace à trois dimensions.

Ces polynômes obéissent à la relation qui définit l'espace des phases réduit :

$$\pi_2^2 + \pi_3^2 = (I - \pi_1)(I + \pi_1)^2, \quad I + \pi_1 \leq 0 \text{ et } I - \pi_1 \leq 0 \quad . \tag{4.11}$$

Pour une valeur donnée de I, cette relation produit une surface dans l'espace $\mathbb{R}^3 = (\pi_1, \pi_2, \pi_3)$. Cette surface possède une symétrie de rotation autour de l'axe (O, π_1). Regardons de plus près le flot de I qui permet de comprendre la correspondance entre l'espace des phases de départ et l'espace des phases réduit.

$$\begin{cases} \dot{q}_2 = \{q_2, I\} = 2p_2 \\ \dot{p}_2 = -2q_2 \\ \dot{q}_3 = p_3 \\ \dot{p}_3 = -q_3 \end{cases} \quad . \tag{4.12}$$

On note que ce flot est 2π périodique, sauf pour un ensemble de points de l'espace des phases réduit défini par $(\pi_1 = -I, \pi_2 = 0, \pi_3 = 0)$. Pour ces points, nous avons pour tout t, $q_3(t) = p_3(t) = 0$ et le flot devient π-périodique. Cette structure est typique d'un type de tore singulier particulier : le tore enroulé, représenté sur la Fig. 4.8. Le tore s'enroule sur lui-même en créant ainsi un cercle de recollement. On peut aussi voir le tore enroulé comme un bitore que l'on aurait découpé puis recollé après avoir appliqué une torsion de π. La trajectoire sur la ligne de recollement possède donc une période deux fois plus courte que les autres trajectoires qui suivent l'enroulement.

Nous pouvons ensuite écrire l'hamiltonien en fonction des polynômes invariants puis analyser l'intersection de la surface ainsi définie avec celle de l'espace des phases réduit. Des exemples de ces intersections sont présentés sur la Fig. 4.9. En les observant, on obtient les différents types de tores singuliers pour chaque ligne singulière de la Fig. 4.7. Par exemple, un contact ponctuel tangent sur une zone régulière de l'espace des phases réduit produit un cercle dans l'espace des phases complet, comme on peut le voir pour la ligne [R] dans la Fig. 4.9.

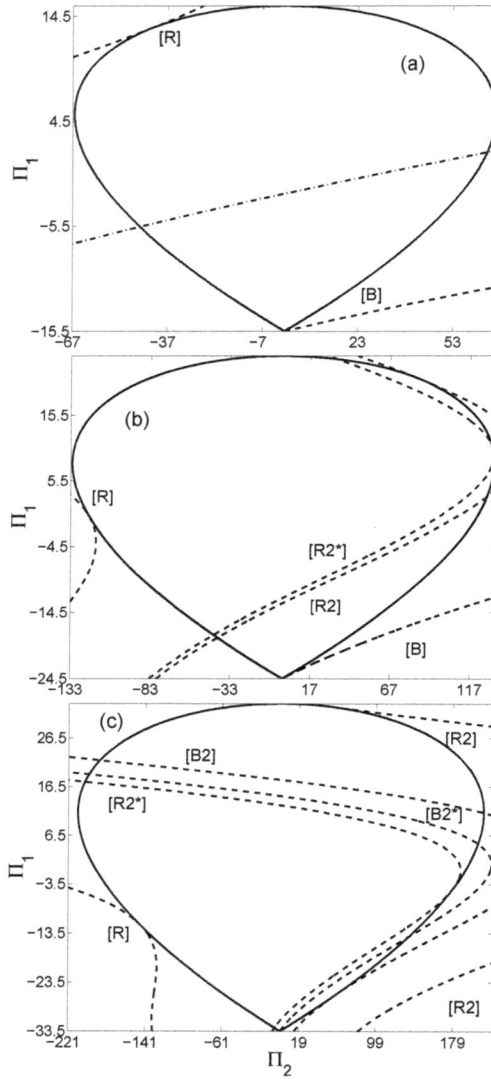

FIGURE 4.9 – Coupes de l'espace des phases réduit (trait plein) et de la surface hamiltonienne (pointillés) dans le plan (π_1, π_2) pour $I = 12.5$. (a), $I = 21.5$ (b) et $I = 30.5$ (c)

On obtient finalement le détail de la structure classique du diagramme énergie-moment présenté sur la Fig. 4.7. Cette structure influence fortement la structure quantique comme nous allons le voir par la suite.

4.2.3 Étude quantique

Commençons par rappeler la forme de l'hamiltonien quantique utilisé dans [108]. Considérons la base des modes normaux $|v_1, v_2, v_3\rangle$. Les nombres quantiques v_i sont les contreparties quantiques des coordonnées classiques (q_i, p_i). Ils proviennent donc de la quantification des actions correspondantes par la procédure de Einstein-Brillouin-Keller (EBK) : $I_i = \hbar(v_i + \frac{1}{2})$. Le terme de Dunham est diagonal dans cette base :

$$
\begin{aligned}
\langle v_1, v_2, v_3 | H_D | v_1, v_2, v_3 \rangle = &\sum_i \omega_i n_i + \sum_{i \leq j} x_{ij} n_i n_j \\
&+ \sum_{i \leq j \leq k} y_{ijk} n_i n_j n_k \\
&+ \sum_{i \leq j \leq k \leq m} z_{ijkm} n_i n_j n_k n_m \\
&+ \sum_{i \leq j \leq k \leq m \leq n} z_{ijk} n_i n_j n_k n_m n_n
\end{aligned}
\tag{4.13}
$$

avec $n_i = v_i + 1/2$. Le terme résonant s'écrit :

$$
\langle v_1, v_2, v_3 | H_F | v_1, v_2 - 1, v_3 + 2 \rangle = \sqrt{v_2(v_3 + 1)(v_3 + 2)} (k + \sum_i k_i n_i + \sum_{i \leq j} k_{ij} n_i n_j) \quad , \tag{4.14}
$$

avec $n_1 = v_1 + 1/2$, $n_2 = v_2$, et $n_3 = v_3 + 3/2$. Les nombres quantiques correspondant aux trois constantes du mouvement sont E_n (valeur propre de H), v_1 et *le nombre de polyade* $P = 2v_2 + v_3$. On utilisera par la suite la notation H pour l'opérateur et le nombre quantique, le contexte permettant de savoir de quel objet il est question. La règle de quantification pour des systèmes non-dégénérés permet de relier ces nombres aux constantes du mouvement :

$$
\begin{aligned}
I_1 &= \hbar(v_1 + \frac{1}{2}) \\
I &= \hbar(P + \frac{3}{2})
\end{aligned}
\tag{4.15}
$$

Par la suite, on prendra $\hbar = 0.5$ pour augmenter la densité de niveaux et rendre la structure du spectre plus lisible. Dans ces conditions, on obtient le spectre de la Fig. 4.10.

Pour distinguer les feuillets dans la région où ils se superposent, nous utilisons le fait que le mode d'élongation O-Cl domine dans la feuille (R2), *i.e.* $v_3 > v_2$, alors que le mode de pliage domine dans la feuille (R), *i.e.* $v_2 > v_3$. On observe que la structure du spectre repose sur les lignes de singularités mises en évidence par l'étude classique. Le spectre est constitué de deux feuillets qui se superposent et se recollent le long de lignes de singularités. On note, de plus, que les niveaux sont alignés selon la direction P mais pas selon H, ce qui est un

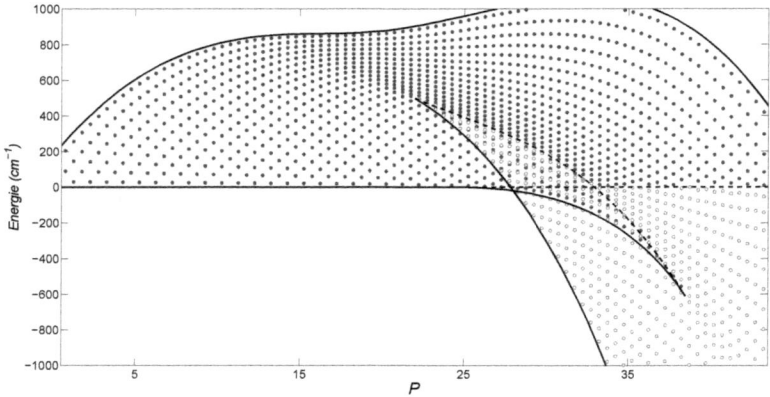

FIGURE 4.10 – Spectre vibrationnel de la molécule HOCl avec $v_1 = 0$ et $\hbar = 0.5$.

premier indice de la présence d'une monodromie non triviale.

Une façon simple et visuelle d'étudier la monodromie quantique consiste à translater une cellule dans le spectre en suivant les lignes localement parallèles [86, 109]. Cela signifie que nous avons besoin de définir la traversée des lignes de singularités pour une cellule de base. Ce qui nous amène à détailler les deux généralisations de la monodromie : la monodromie fractionnaire et la bidromie. De façon générale, la monodromie fractionnaire intervient lorsque le système possède une ligne de tores enroulés, comme la ligne [B2*], provenant d'une résonance $m : n$ avec $m - n \in \mathbb{N}^*$, qui est une résonance 1 : 2 dans notre cas. La traversée de la ligne se définit alors en doublant la cellule dans une direction, comme présenté en Fig. 4.11. Dans cette figure, la traversée parait visuellement continue, et il a été montré mathématiquement dans [99] que c'est effectivement la façon correcte de réaliser cette traversée.

La bidromie apparait dans des systèmes contenant des lignes de bitores, comme la ligne [R2*]. Un zoom sur cette ligne est présenté en Fig. 4.12 qui illustre la façon de transporter une cellule à travers la ligne singulière. La cellule initiale en haut à droite se sépare en deux cellules, une pour chaque feuillet. Les cellules évoluent ensuite selon deux chemins différents pour finalement être réunies par une addition de leurs vecteurs de base. On peut noter en regardant ce spectre que plusieurs façons de définir les cellules sont possibles. La bonne façon est donnée par un raisonnement sur la continuité des actions classiques détaillé dans [100].

Comme ce système possède à la fois une ligne de bitores et une ligne de tores enroulés, on définit un chemin utilisant ces deux monodromies généralisées pour obtenir finalement la Fig. 4.13. Pour détailler cette figure, introduisons les vecteurs (u_1, u_2) et (v_1, v_2) qui définissent respectivement la cellule initiale et finale. Les vecteurs u_2, v_2 sont verticaux orientés du haut vers le bas et les vecteurs u_1, v_1 sont orientés de la gauche vers la droite. La cellule finale est reliée à la cellule initiale *via* la matrice de monodromie :

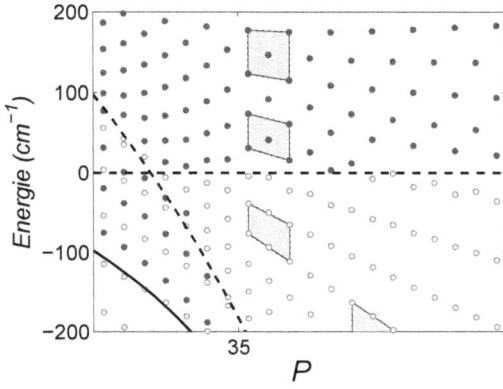

FIGURE 4.11 – Monodromie fractionnaire générée par la résonance 1 : 2, la cellule est doublée sur une direction pour traverser la ligne singulière de façon continue.

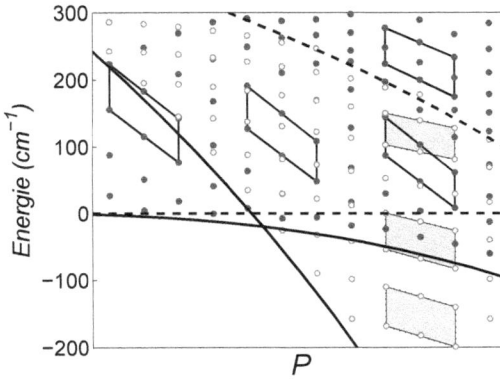

FIGURE 4.12 – Bidromie : la cellule est doublée sur une direction et se sépare en deux pour traverser continuement la ligne de bitores.

$$\begin{pmatrix} v_1 \\ v_2 \end{pmatrix} = M \begin{pmatrix} u_1 \\ u_2 \end{pmatrix} \quad . \tag{4.16}$$

Une analyse de la Fig. 4.13 mène directement à :

$$M = \begin{pmatrix} 2 & 1/2 \\ 0 & 1 \end{pmatrix} \quad . \tag{4.17}$$

Le seul autre chemin possible pour observer la monodromie serait un chemin double, comme celui-ci, mais qui traverse la ligne de bitore à droite de l'intersection avec la ligne de tores enroulés. Ce chemin produit la même matrice de monodromie, car une des cellules traverse la ligne de tore enroulés dans les deux sens. Enfin, ajoutons qu'une étude[4] basée sur les actions classiques donne la même matrice de monodromie.

En conclusion, nous pouvons affirmer que le spectre vibrationnel de la molécule HOCl est caractérisé par la présence de monodromie hamiltonienne généralisée. Il est fort probable que l'on retrouve cette propriété dans d'autres molécules similaires, comme par exemple la molécule $HOBr$ [110].

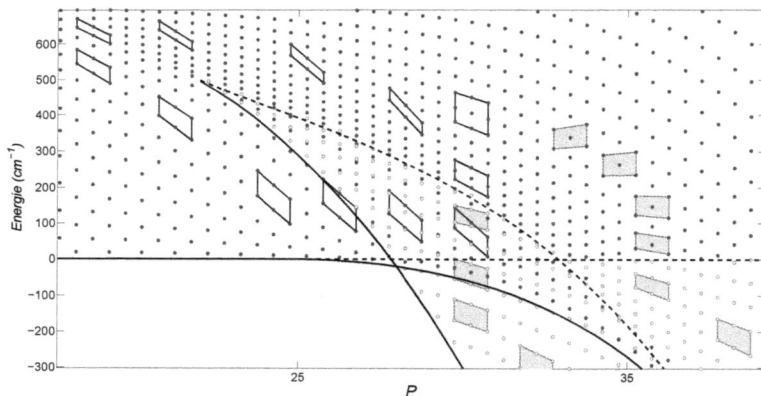

FIGURE 4.13 – Transport parallèle d'une cellule de base à travers le spectre vibrationnel de la molécule HOCl.

---

4. Cette étude, réalisée par K. Efstathiou, n'est pas encore publiée.

4.3 Monodromie dynamique

4.3.1 Introduction

La découverte de la monodromie hamiltonienne est récente, et jusqu'à présent nous avons seulement observé des effets statiques. Pour que ce phénomène puisse avoir une influence dynamique sur un système contrôlé, nous avons besoin de nous déplacer dans le diagramme énergie-moment. La première étude théorique de monodromie dynamique a été réalisée dans un système classique [111, 112]. Ce système, construit de façon *ad hoc*, comporte un grand nombre de billes qui rebondissent de façon élastique dans un billard. Les trajectoires des billes sont alors perturbées faiblement afin de modifier la valeur des constantes du mouvement, ce qui permet de tracer des trajectoires dans le diagramme énergie-moment correspondant. Outre le fait que les applications potentielles sont assez limitées, un tel système a l'inconvénient de ne pas pouvoir être construit facilement expérimentalement, notamment pour ce qui concerne la force pertubative.

De plus, il faut garder à l'esprit que chaque point du diagramme énergie-moment correspond à un tore dans l'espace des phases, et donc à un ensemble de trajectoires. Pour observer la monodromie de façon dynamique, il faut pouvoir se déplacer dans ce diagramme. Or, pour une équation différentielle ordinaire (EDO) il est impossible de passer d'un tore à l'autre. Il faut pour cela une perturbation qui brise l'intégrabilité, c'est cette méthode qui a été utilisée dans [111]. Considérons maintenant une équation au dérivées partielles (EDP) pour laquelle le système hamiltonien intégrable n'est que l'état stationnaire de cette équation. Dans ce cas, le déplacement dans le diagramme énergie-moment correspond juste à un retour à la dynamique spatio-temporelle. Autrement dit, le déplacement que nous cherchons est intrinsèque à ce type de système, il est donc plus naturel de considérer une EDP pour étudier la monodromie dynamique.

Enfin, nous avons vu dans le chapitre précédent que les EDP de l'optique non-linéaire produisent des états stationnaires hamiltoniens intégrables, et ce dans des systèmes réalisables expérimentalement. Nous allons donc étudier la monodromie dans trois systèmes d'EDP provenant de l'optique non-linéaire : la fibre isotrope, le modèle de Bragg et le mélange à trois ondes dégénéré. Une partie de ces travaux a été publiée dans [113]. Dans le même esprit que le chapitre précédent, nous allons travailler en configuration contra-propagative.

4.3.2 La fibre isotrope

Modèle

Nous commençons par la fibre isotrope, car c'est le premier système d'EDP à avoir été étudié théoriquement du point de vue des singularités hamiltoniennes [67]. De plus, les expériences dans ce type de fibre sont mieux contrôlées, dans le sens où les courtes longueurs de fibre utilisées permettent d'éviter les torsions qui induisent des biréfringences supplémentaires. Rappelons les équations qui régissent la dynamique de la polarisation dans une fibre optique isotrope dans laquelle on injecte deux ondes de façon contra-propagative :

$$\begin{cases} \dfrac{\partial \vec{S}}{\partial t} + \dfrac{\partial \vec{S}}{\partial \xi} = \vec{S} \times (\mathcal{I}_s \vec{S}) + \vec{S} \times (\mathcal{I}_i \vec{J}) \\[2mm] \dfrac{\partial \vec{J}}{\partial t} - \dfrac{\partial \vec{J}}{\partial \xi} = \vec{J} \times (\mathcal{I}_s \vec{J}) + \vec{J} \times (\mathcal{I}_i \vec{S}) \end{cases} , \tag{4.18}$$

avec $\mathcal{I}_s = \text{diag}(-1, -1, 0)$ and $\mathcal{I}_i = \text{diag}(-2, -2, 0)$. Le système stationnaire possède une structure hamiltonienne intégrable avec les constantes du mouvement :

$$H = 2(S_y J_y + S_x J_x) - \frac{1}{2}(S_z^2 + J_z^2)$$
$$K = S_z - J_z \tag{4.19}$$

Angle de rotation

Lorsque l'on étudie la monodromie d'un système, on observe l'évolution d'une certaine grandeur le long d'un chemin qui peut entourer une singularité. Dans le cas de la monodromie hamiltonienne, cette grandeur est l'*angle de rotation*, défini dans le chapitre 1. Pour mettre en valeur cet angle, nous allons d'abord passer en coordonnées cylindriques :

$$\begin{cases} S_x = \sqrt{S_0^2 - I_s^2} \cos \phi_s \\ S_y = \sqrt{S_0^2 - I_s^2} \sin \phi_s \\ S_z = I_s \end{cases} \text{et} \begin{cases} J_x = \sqrt{J_0^2 - I_p^2} \cos \phi_p \\ J_y = \sqrt{J_0^2 - I_p^2} \sin \phi_p \\ J_z = -I_p \end{cases} , \tag{4.20}$$

ce qui donne

$$H = 2\sqrt{(Is_0^2 - Is^2)(Ip_0^2 - Ip^2)} \cos(\phi_s - \phi_p) - \frac{\kappa}{2}(Is^2 + Ip^2)$$
$$K = I^s + I^p .$$

Puis, nous introduisons les variables (θ, ϕ, K, J) à travers une transformation canonique basée sur la fonction génératrice :

$$F_2 = K\phi_s + J(\phi_s - \phi_p) ,$$

qui permet de rendre évident le fait que l'angle ϕ_s est la variable conjuguée de la constante du mouvement K :

$$\theta = \frac{\partial F_2}{\partial K} = \phi_s$$
$$\psi = \frac{\partial F_2}{\partial J} = \phi_s - \phi_p$$
$$I_s = \frac{\partial F_2}{\partial \phi_s} = K + J$$
$$I_p = \frac{\partial F_2}{\partial \phi_p} = -J$$

Dans ce système physique, une définition possible de l'angle de rotation est donc $\Theta = \theta(z = L) - \theta(z = 0) = \phi_s(z = L) - \phi_s(z = 0)$.

Monodromie non-triviale - méthode analytique

Maintenant que l'angle de rotation est défini, nous pouvons essayer d'obtenir une expression analytique pour $\Theta = \int_0^{\theta_f} d\theta$. Notons l la longueur de la fibre, en gardant à l'esprit que la coordonnée d'espace dans la fibre joue le rôle du temps dans un système classique. Supposons que l'on choisisse un parcours dans le diagramme énergie-moment tel que le temps de premier retour est constant sur ce parcours. Supposons, de plus, que la longueur de fibre choisie corresponde à ce temps de premier retour. Nous avons :

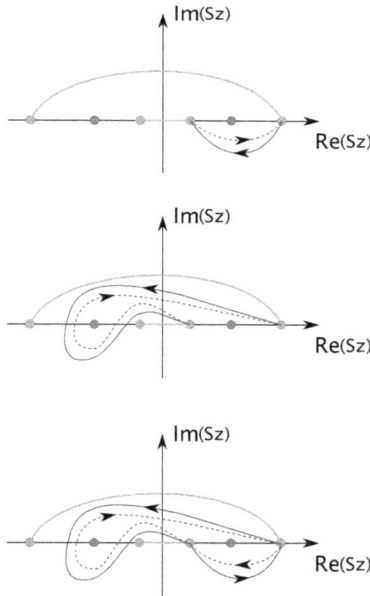

FIGURE 4.14 – Prolongement analytique dans le plan complexe de l'angle de rotation. Les points rouges et verts représentent respectivement les pôles et les points de branchements. Les lignes vertes représentent les lignes de coupure. En bleu la représentation schématique du chemin d'intégration, de haut en bas : pour Θ_i, Θ_f et $\Delta\Theta$.

$$\Theta(h, k, l) = \int_0^{\theta_f} d\theta = \int_0^l \dot{\theta} dz = \int_{S_z(0)}^{S_z(l)} \frac{\dot{\theta}}{\dot{S}_z} dS_z \quad .$$

Ensuite, nous utilisons $\dot{\theta} = \dot{\phi}_s$ et les équations de Hamilton pour obtenir l'expression suivante :

$$\dot{\theta} = I_s 2 I_s \sqrt{\frac{J_0^2 - I_p^2}{S_0^2 - I_s^2}} \cos(\phi_p - \phi_s) \quad ,$$

qui peut être réécrit :

$$\dot{\theta} = S_z(1 + \frac{h + \frac{1}{2}(S_z^2 + (k - S_z)^2)}{S_0^2 - S_z^2}) \quad ,$$

on peut ensuite réécrire cette dernière équation dans une forme plus adaptée au calcul des résidus :

$$\dot{\theta} = k + \frac{1}{4} \frac{2S_0 k - k^2 - 2h - 2S_0^2}{S_z - S_0} + \frac{1}{4} \frac{-2S_0 k - k^2 - 2h - 2S_0^2}{S_z + S_0} \quad ,$$

avec $S_0 = 1$. Nous avons également besoin d'exprimer $\dot{S}_z$ en fonction de S_z, k, h. Pour cela, nous utilisons la réduction qui s'appuie sur l'équation (3.43) qui permet d'exprimer π_3 en fonction de S_z, k, h.

$$\dot{S}_z = -2(S_x J_y - S_y J_x) = -2\pi_3 \quad ,$$

$$\dot{S}_z = -\frac{1}{2}\sqrt{Q(S_z, h, k)} \quad ,$$

$$Q = 16 - 16k^2 + 8hS_z k - 32S_z^2 + 32S_z k - 4h^2 - 4hk^2 - 8hS_z^2 + 8k^2 S_z^2 + 4k^3 S_z - 24S_z^3 k - k^4 + 12Sz^4 \quad .$$

Finalement :

$$\Theta(h, k, l) = -\frac{1}{2} \int_{S_z(0)}^{S_z(l)} \frac{\dot{\theta}(h, k, S_z)}{\sqrt{Q(h, k, S_z)}} dS_z \quad .$$

Maintenant, nous pouvons considérer l'évolution de l'angle de rotation Θ sur un parcours fermé dans le diagramme énergie-moment. Nous cherchons à exprimer $\Delta\Theta = \Theta_f - \Theta_i$. Commençons par étendre la variable S_z au plan complexe [93] pour étudier et utiliser les singularités de la fonction analytique $\dot{\theta}/\dot{S}_z$. Cette façon de faire revient à travailler sur des chemins du plan complexe qui correspondent à la version Riemannienne des cycles utilisés pour définir la monodromie dans le chapitre 1.

La fonction $\dot{\theta}/\dot{S}_z$ possède deux pôles simples : ($S_z = \pm S_0$) ainsi que quatre points de branchement donnés par les zéros de $Q(S_z)$. L'intégrale Θ se fait sur un parcours fermé correspondant à un cercle dans l'espace des phases réduit (celui donné par l'intersection de l'hamiltonien et de la surface de l'espace des phases réduit). Ce cercle correspond dans le plan complexe à un aller-retour entre les deux plus grandes racines réelles de $Q(S_z)$. Ceci est illustré Fig. 4.14 sur le schéma du haut. Notons que l'aller et le retour se trouvent sur deux surfaces de Riemann différentes.

La position de ces singularités complexes varie en fonction de (h, k) lorsque l'on se déplace dans le diagramme énergie-moment. Il faut donc déformer continûment le chemin d'intégration pour éviter qu'il ne croise un des pôles. Après un tour complet, on obtient schématiquement le chemin présenté sur la Fig. 4.14 au milieu. La différence $\Delta\Theta$ peut alors s'exprimer comme l'intégrale sur la différence des chemins d'intégration sur la Fig. 4.14 en bas. Cela donne une intégrale d'une fonction analytique dans le plan complexe qui peut aisément se calculer grâce au théorème des résidus.

$$\Delta\Theta(h,k,l) = (-2i\pi)\left[2\text{Res}(f,S_0) + 2\text{Res}(f,-S_0)\right] = 4\pi \neq 0$$

Le résultat est non nul. Nous pouvons donc conclure que la monodromie est non-triviale. Un parcours dans le diagramme énergie-moment qui n'entoure pas le point $(H = K = 0)$ donne une évolution des singularités complexes telle que le chemin d'intégration final n'entoure aucun pôle. Le terme 4π est réminiscent de la nature de la singularité : nous travaillons sur un tore doublement pincé. On peut montrer qu'un tel tore isolé produit toujours une variation de Θ de 4π, quelque soit le système considéré [36]. Un tore simplement pincé aurait produit $\Delta\Theta(h,k,l) = 2\pi$. On peut noter également que le résultat ne dépend pas du parcours en h, k, ce qui une conséquence de la nature topologique de ce phénomène.

Monodromie non-triviale - méthode numérique

Pour observer numériquement le résultat précédent, il suffit d'intégrer numériquement l'équation stationnaire (3.27) sur une longueur de fibre égale au temps de premier retour pour un ensemble de conditions initiales telles que la position en (H, K) dessine le parcours voulu. Il suffit ensuite de tracer l'évolution de $\Theta(= \phi_s(L) - \phi_s(0))$. Pour faire les choses proprement, il faut vérifier que le temps de premier retour ne varie pas sur le parcours choisi.

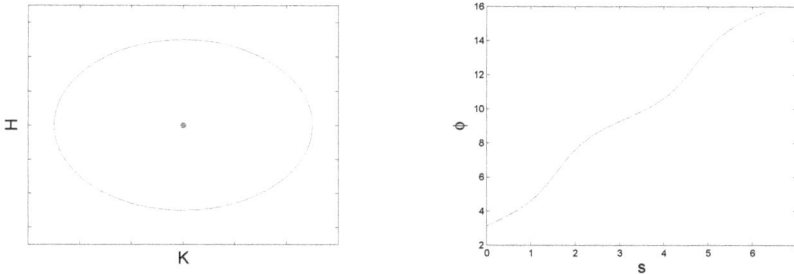

FIGURE 4.15 – Un parcours autour du tore singulier.

Pour la figure Fig. 4.15, on a choisi un parcours entourant la singularité hamiltonienne. On observe alors que $\Delta\Theta = 4\pi$, comme attendu. Au contraire, dans la figure Fig. 4.16 le parcours n'entoure pas le tore doublement pincé et la variation totale de Θ est nulle.

Physiquement le parcours dans le diagramme énergie-moment revient à modifier la polarisation de la pompe de façon adiabatique, de telle sorte que le système spatio-temporel reste toujours à proximité de la solution stationnaire.

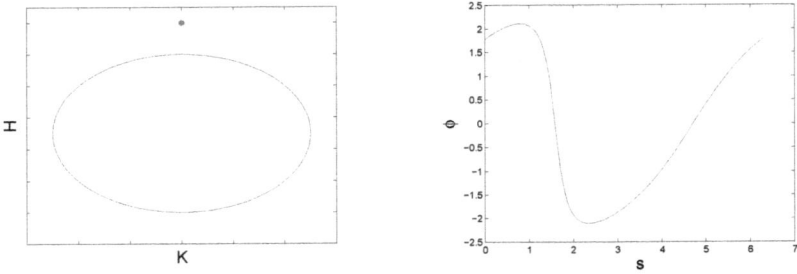

FIGURE 4.16 – Un parcours qui n'entoure pas le tore singulier.

4.3.3 Modèle de Bragg

Modèle

Ce modèle [114, 74] est l'un des modèles classiques d'optique non-linéaire. Il décrit la progation d'onde dans un milieu dont l'indice de réfraction est périodique. De fait, ce modèle possède une portée bien plus vaste que la seule optique non-linéaire. En effet, il sert à décrire la propagation d'ondes dans un potentiel périodique, comme des électrons dans un cristal ou un condensat de Bose-Einstein confiné dans un piège périodique.

Rappelons les équations qui régissent la dynamique spatio-temporelle du modèle de Bragg :

$$\begin{cases} \dfrac{\partial u}{\partial t} + \dfrac{\partial u}{\partial z} = i\kappa v + i\gamma(|u|^2 + 2|v|^2|)u \\ \dfrac{\partial v}{\partial t} - \dfrac{\partial v}{\partial z} = i\kappa u + i\gamma(|v|^2 + 2|u|^2|)v \end{cases} , \qquad (4.21)$$

où u et v sont les amplitudes complexes de deux ondes contra-propagatives. Il existe un état stationnaire stable possédant une structure hamiltonienne intégrable avec :

$$H = -\frac{\kappa}{2}(uv + u^*v^*) - \gamma|u|^2|v|^2 - \frac{\gamma}{4}(|u|^4 + |v|^4) \quad \text{et} \quad K = \frac{1}{2}(|u|^2 - |v|^2) \quad . \qquad (4.22)$$

Angle de rotation

Nous devons à nouveau exprimer l'angle conjugué de la constante du mouvement. Nous commençons par introduire les variables canoniques $(I_u, \phi_u, I_v, \phi_v)$ telles que $u = \sqrt{2I_u}e^{i\phi_u}$ et $v = \sqrt{2I_v}e^{-i\phi_v}$. L'hamiltonien se réécrit sous la forme :

$$H = -2\kappa\sqrt{I_uI_v}\cos(\phi_u + \phi_v) - 4\gamma I_uI_v - \gamma(I_u^2 + I_v^2) \quad , \qquad (4.23)$$

142

et la constante du mouvement devient $K = I_u - I_v$. Puis, nous introduisons les variables (θ, ψ, K, J) à travers une transformation canonique basée sur la fonction génératrice :

$$F_2 = K\phi_u + J(\phi_u + \phi_v) \quad,$$

qui permet de mettre en évidence la variable conjuguée θ de la constante du mouvement K :

$$\theta = \frac{\partial F_2}{\partial K} = \phi_u$$
$$\psi = \frac{\partial F_2}{\partial J} = \phi_u + \phi_v$$
$$I_s = \frac{\partial F_2}{\partial \phi_u} = K + J$$
$$I_p = \frac{\partial F_2}{\partial \phi_v} = J$$

Monodromie non-triviale - méthode analytique

On considère un parcours au voisinage de la singularité hamiltonienne en $h = k = 0$. Dans ce cas, on peut négliger les termes cubiques dans l'équation (4.21). En utilisant la réduction comme dans l'exemple précédent, on peut écrire :

$$\dot{\theta} = \kappa \frac{h}{\pi_3 + k} \quad . \tag{4.24}$$

Dans ce cas, nous n'avons pas besoin de passer par le plan complexe, car l'intégrale $\Theta = \int \dot{\theta}/\pi_3 \mathrm{d}\pi_3$ est suffisamment simple pour être calculée directement. On obtient finalement :

$$\Theta = \kappa \arctan \frac{h}{\kappa k} \quad . \tag{4.25}$$

Considérons maintenant un parcours circulaire autour de la singularité hamiltonienne :

$$\begin{cases} h = r \sin s \\ k = r \cos s \end{cases} \quad ,$$

avec $s \in [0, 2\pi]$. Dans ce cas, nous obtenons $\Delta\theta = s(f) - s(i) = 2\pi$. Comme il existe un parcours tel que $\Delta\Theta \neq 0$, la monodromie est donc non-triviale.

Monodromie non-triviale - méthode numérique

Les simulations numériques présentées dans la partie précédente étaient fait en régime stationnaire. Ici, on considère l'équation spatio-temporelle complète (4.21), ce qui permet de modéliser une expérience réelle en optique.

Le principe est de partir d'un état stationnaire donné avec une certaine longueur L pour le milieu non-linéaire, puis nous changeons adiabatiquement les conditions aux bords ($I_u(z = $

$0), \phi_u(z = 0), I_v(z = L), \phi_v(z = L))$. Si les variations de ces paramètres sont suffisamment lentes, la dynamique spatio-temporelle suit les états stationnaires associés à ces conditions aux bords [77]. Il suffit ensuite de choisir ces variations de telle sorte que le système décrive une boucle dans le diagramme énergie-moment (i.e. dans le plan (H, K)).

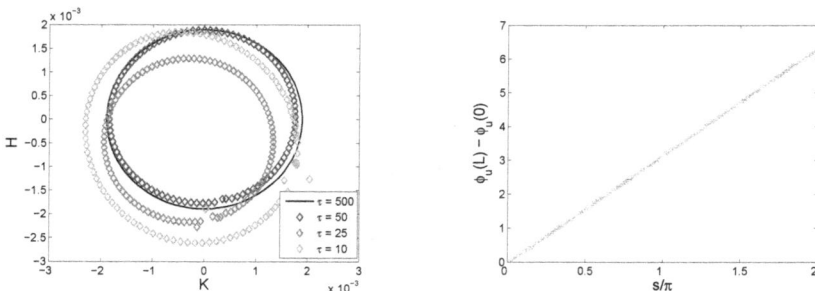

FIGURE 4.17 – Un parcours autour du tore singulier. Dans la figure de droite, les couleurs correspondant aux différentes valeurs de τ sont exactement superposées. Les simulations sont effectuées avec $\kappa = 1$ et $\gamma = 0.2$

Nous pouvons observer sur les Fig. 4.17 et Fig. 4.18 les résultats obtenus pour une boucle non-triviale entourant la singularité hamiltonienne en $(H = K = 0)$ et une boucle triviale qui n'entoure pas cette singularité. Notons que la boucle non-triviale ne peut pas être déformée continument d'une façon telle qu'elle n'entourerait plus la singularité. Dans la Fig. 4.17 à gauche, chaque point correspond aux moyennes $\tilde{K} = \int_0^L K(t, z)\mathrm{d}z$ et $\tilde{K} = \int_0^L K(t, z)\mathrm{d}z$ au temps $t = n\tau$, avec $n \in (1, 2, ..., N)$ où N est le nombre total de points dans la boucle et τ un intervalle de temps fixé. Nous sommes obligés d'utiliser ces moyennes car le système n'est pas exactement stationnaire, donc les constantes du mouvement, valables pour le cas stationnaire, possèdent une faible dépendance en z. L'évolution de l'angle de rotation $\Theta = \phi_u(L) - \phi_u(0)$ en fonction du temps est tracée sur la Fig. 4.17 à droite. On observe qu'il varie linéairement avec n et acquiert un décalage de 2π après un tour complet. Cela confirme bien les calculs de la section précédente. A l'opposé, l'angle de rotation retourne à sa valeur initiale lors du parcours de la boucle triviale, comme le montre la Fig. 4.18.

Les simulations de la boucle non-triviale ont été réalisées pour différentes valeurs de τ. Pour $\tau = 500$, nous sommes dans le régime quasi-adiabatique, i.e. la boucle décrite par le système spatio-temporel est très proche de la boucle adiabatique idéale. En effet, la différence $|H - \tilde{H}|$ reste inférieure à 10^{-5}. Sans surprise, la dynamique devient plus perturbée à mesure que τ diminue, en effet le système n'a pas le temps de se stabiliser. Cependant, il est remarquable que l'évolution de l'angle de rotation n'est quasiment pas perturbée, comme le montre la Fig. 4.17. Même si la monodromie Hamiltonienne n'est pas définie dans un régime non-stationnaire, ces simulations numériques montrent que cet effet topologique est très robuste puisqu'il laisse une trace dans la dynamique spatio-temporelle.

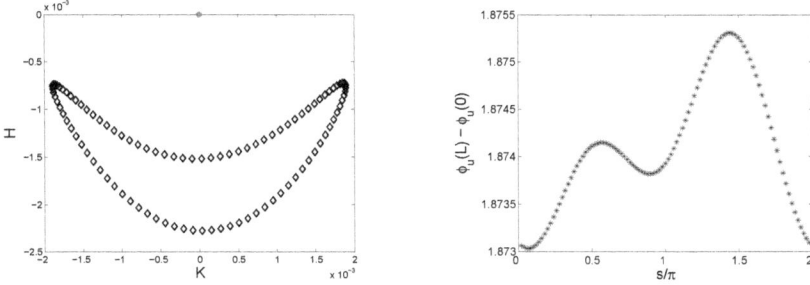

FIGURE 4.18 – Un parcours qui n'entoure pas le tore singulier.

4.3.4 Mélange à trois ondes dégénéré

Le modèle du mélange à trois ondes [66, 70] est également l'un des modèles important d'optique non-linéaire. En effet, c'est un modèle qui permet la génération d'onde cohérente de fréquence différente de l'onde pompe, ce qui permet de nombreuses applications.

Rappelons le modèle du mélange à trois ondes dans la configuration dégénérée (cf. [115] pour une étude complète).

$$\begin{cases} \dfrac{\partial u}{\partial t} + \dfrac{\partial u}{\partial z} = -iv^2 + \epsilon(|u|^2 + \kappa|v|^2|)u \\ \dfrac{\partial v}{\partial t} - \dfrac{\partial v}{\partial z} = 2iuv^* + \epsilon(|v|^2 + \kappa|u|^2|)v \end{cases} \qquad (4.26)$$

La partie stationnaire de ces équations forme un système hamiltonien intégrable avec un hamiltonien H et une constante du mouvement K que l'on peut écrire sous la forme :

$$H = -2I_v\sqrt{2I_u}\sin(\phi_u + 2\phi_v) + \epsilon(I_u^2 + I_v^2) + 2\epsilon\kappa I_u I_v \quad \text{et} \quad K = I_v - 2I_u \quad, \qquad (4.27)$$

avec $u = \sqrt{2I_u}e^{i\phi_u}$ et $v = \sqrt{2I_u}e^{-i\phi_v}$. Ce système est particulièrement intéressant car il comporte une monodromie généralisée : la monodromie fractionnaire, ce que nous allons vérifier numériquement.

Une partie du diagramme énergie-moment est présentée Fig. 4.19(a). Il contient une ligne de tores enroulés qui se termine par un tore pincé. Nous procédons de la même façon que précédemment pour créer une boucle qui entoure le tore pincé en traversant une seule fois la ligne singulière. On observe sur la Fig. 4.19 (b) un décalage de l'angle de rotation de π lors de la traversée de la ligne. Ce décalage non nul montre que le système possède une monodromie non triviale. La valeur π du décalage est à comparer avec les 2π du système précédent qui contenait également un tore pincé. Le facteur 2 provient de la ligne de tores enroulés, caractéristique de la monodromie fractionnaire.

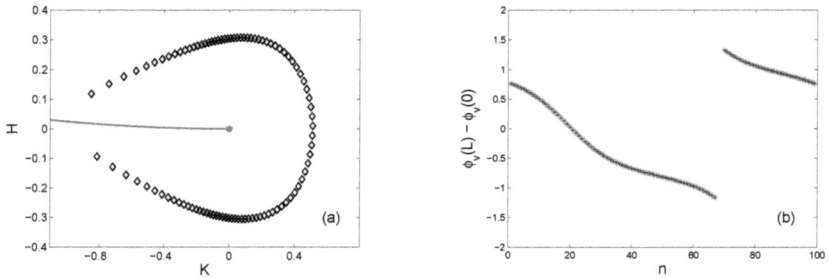

FIGURE 4.19 – Un parcours qui traverse une seule fois la ligne de tores singuliers. Pour $\epsilon = 0.1$, $\kappa = 2$ et $\tau = 100$.

4.3.5 Conclusion

Nous avons montré que la monodromie non triviale est présente dans différents systèmes courants en optique non-linéaire. Ce n'était pas évident *a priori* car la monodromie hamiltonienne est définie pour des équations aux dérivées ordinaires et pas des équations aux dérivées partielles. De plus, ces résultats peuvent être testés expérimentalement, ce qui serait la première mesure expérimentale dynamique de la monodromie.

Conclusion et perspectives

4.4 Conclusion

$\mathbf{C}$E manuscrit a présenté diverses applications de la mécanique hamiltonienne à des
systèmes contrôlés. Deux formalismes ont été abordés, le premier est issu de la théorie
du contrôle optimal, le deuxième de l'analyse des systèmes intégrables. Les deux cas se
résument à l'étude détaillée de la dynamique d'un système hamiltonien. Ces formalismes ont
été présentés dans le chapitre 1.

Ensuite, nous avons présenté les résultats obtenus durant cette thèse. D'abord, le deuxième
chapitre a permis d'obtenir la forme des champs de contrôle nécessaires à la résolution optimale de plusieurs problèmes de RMN. Nous avons notamment étudié le problème de l'inversion simultanée de deux spins en énergie minimum et en temps minimum. Nous avons
montré qu'un seul contrôle est suffisant pour l'étude en temps minimum. De plus, nous avons
remarqué que la solution en énergie minimum est très proche de la première composante
de Fourier de la solution en temps minimum, pour un temps de contrôle équivalent. Les
expériences ont permis de confirmer la validité des contrôles dans les deux cas. Nous avons
ensuite étudié l'influence de la mesure sur les équations de Bloch puis nous avons traité le
problème du point fixe dynamique. Cette dernière étude a été menée entièrement analytiquement. Elle a donné la solution globale du problème à la précision machine, ce qui n'était pas
possible avec les méthodes numériques. Enfin, nous avons étudié le transfert de population
d'un système à trois niveaux avec dissipation. Grâce à l'étude des singularités hamiltoniennes,
nous avons montré que la solution adiabatique du processus STIRAP est une solution singulière dans le cadre du contrôle géométrique en énergie minimum. Cette étude a également
fourni le coût permettant de retrouver le processus STIRAP avec le principe du maximum
de Pontryagin.

Le troisième chapitre était consacré à l'étude du contrôle de la polarisation dans les fibres
optiques. La première partie concerne des systèmes en configuration contra-propagative, une
onde signal se propage dans un sens, une onde pompe dans l'autre. Nous avons traité les
fibres isotropes, les fibres hautement biréfringentes avec torsion, et les fibres à biréfringence
aléatoire utilisées dans les télécommunications. Dans tous les cas, le système stationnaire est
un système hamiltonien intégrable dont les singularités permettent de prédire la polarisation
du signal en fonction de celle de la pompe. Différents types de tores singuliers ont été mis en
évidence, ce qui a mené à différents types d'attraction de polarisation. Dans un second temps,
nous avons étudié le phénomène d'auto-polarisation, qui permet à une onde de prendre une

polarisation déterminée en interagissant avec elle-même après réflexion dans un miroir. Les prédictions théoriques sur l'auto-polarisation ont pu être confirmées par l'expérience. Ces études ont offert de nouvelles façons de contrôler la polarisation dans les fibres optiques.

Dans le dernier chapitre, nous avons mis en évidence la présence de monodromie hamiltonienne non-triviale dans différents systèmes. En premier lieu, nous avons considéré le spectre vibrationnel de la molécule HOCl. Nous avons montré que celui-ci contient deux monodromies généralisées : la bidromie et la monodromie fractionnaire. En second lieu, nous avons exhibé le premier exemple connu de monodromie dynamique mesurable expérimentalement. Nous avons réalisé cette étude numériquement dans deux modèles d'optique non-linéaire. Nous avons d'abord montré l'existence de monodromie non-triviale standard dans le modèle de Bragg, ensuite nous avons observé la présence d'une monodromie généralisée dans le modèle du mélange à trois ondes dégénéré.

Au vu de l'ensemble des travaux présentés dans ce mémoire, quelques remarques supplémentaires sont nécessaires.

D'abord, ce mémoire passe sous silence une partie des travaux réalisés durant la thèse. Un ensemble de résultats concernant les solitons ont été obtenus, des résultats préliminaires ayant été publiés dans [116]. La majeure partie des résultats non publiés concerne la classification des solitons dans les milieux non-linéaires en relation avec les singularités présentes. On peut mentionner également une contribution à une étude sur l'approximation de Galerkin, seul travail de la thèse à avoir nécessité l'utilisation du contrôle optimal numérique. Ces travaux ne sont pas présents par manque de cohérence avec le reste du mémoire.

Ensuite, il est intéressant de noter que parmi les résultats obtenus en contrôle optimal, ceux concernant le point fixe dynamique sont ceux dont la portée est la plus importante. En effet, cette méthode est utilisée quotidiennement dans les laboratoires de RMN et IRM, et la théorie du contrôle optimal ne s'est pas encore diffusée dans la communauté de l'IRM. Les contrôles utilisés dans cette communauté ne sont donc pas optimaux en général, alors que les contraintes sur la durée du contrôle et sur la qualité du ratio signal sur bruit y sont particulièrement importantes.

Un autre point remarquable concerne les résultats sur le processus STIRAP. Le but était de réécrire le problème dans le cadre du PMP, ce qui a été fait. Cependant, il n'était pas prévu à l'origine d'utiliser les outils des singularités hamiltoniennes et ce n'était pas évident *a priori* que ces dernières jouent un rôle. En effet, jusque-là les singularités hamiltoniennes étaient étudiées dans des espaces des phases standards, directement liés à la dynamique du système physique. Ici, l'espace des phases n'est pas complètement physique puisque les moments conjugués ne sont pas liés à la dérivée de l'état, mais à des caractéristiques d'optimalité. Ainsi, ces travaux sont les premiers a avoir montré le rôle des singularités hamiltoniennes dans l'espace des phases produit par le PMP.

Enfin, au sujet des travaux effectués en optique, rappelons que le concept central, qui consiste à étudier une EDP à travers une EDO, n'est lui-même pas évident. La dynamique des EDP est connue pour être bien plus riche et complexe que celle des EDO. Cette idée a été proposée avant ma thèse dans [77, 78] mais les travaux présentés ici ont pu mettre en évidence la puissance de la méthode dans divers systèmes. Le cas de l'auto-polarisation peut même déboucher sur des applications industrielles, lesquelles sont décrites en détail dans [117]. La portée de cette méthode dépasse le cadre de l'optique non-linéaire, puisque certaines équations en matière condensée ont une structure très similaire à celle des équations étudiées ici.

En conclusion, l'ensemble de ces travaux tendent à montrer que l'utilité des singularités hamiltoniennes en physique est certainement sous-estimée à l'heure actuelle, ce qui offre de nombreuses perspectives.

4.5   Perspectives

Suite à ce travail de thèse, nous pouvons distinguer deux catégories d'ouvertures possibles. Les premières sont liées au contrôle optimal, les deuxièmes à l'utilisation des singularités hamiltoniennes dans les EDP.

Du point de vue du contrôle optimal, il existe bien d'autres problèmes de RMN pour lesquels le contrôle géométrique pourrait se révéler utile. Notamment les systèmes de spins-couplés. Des travaux théoriques et expérimentaux ont déjà été faits sur ces systèmes [118, 119] mais sans utiliser le contrôle optimal géométrique. Si l'on considère deux spins couplés comme dans [118] alors l'hamiltonien devient :

$$H = J\vec{S}^{(1)}\vec{S}^{(2)} + uS_x^{(1)} + vS_x^{(2)} \quad , \tag{4.28}$$

où J est la constante de couplage et u et v les contrôles. Cet hamiltonien paraît suffisamment simple pour pouvoir appliquer le contrôle géométrique avec succès.

En RMN et IRM, il reste également du travail pour traiter les inhomogénéités des champs. En effet, les contrôles obtenus dans ce mémoire ne sont pas robustes vis-à-vis des inhomogénéités. Par exemple, pour que les résultats sur le point fixe dynamique soient facilement implémentables expérimentalement, il faudrait étendre l'étude à un ensemble de spins avec différents écarts à la résonance, de sorte à modéliser l'inhomogénéité de $\vec{B}_0$. Dans cette optique, une idée à creuser serait de coupler les méthodes de contrôle numérique et géométrique, selon le procédé illustré sur la Fig. 4.20. L'inhomogénéité a pour effet de séparer les spins pendant la phase de mesure, *i.e.* quand le système n'est pas contrôlé et que les spins ne sont pas sur l'axe. Une première phase de contrôle permet de rassembler les spins sur l'axe avec un algorithme de contrôle optimal comme GRAPE ou un algorithme monotone. Une fois sur l'axe, les spins ne sont plus influencés par l'inhomogénéité. De plus, le contrôle de type Bang ne laisse pas à l'inhomogénéité le temps d'agir. Donc la solution du contrôle géométrique peut être utilisée à partir du moment où les spins sont sur l'axe.

Cependant, la RMN n'est pas le seul domaine pour lequel le contrôle géométrique peut s'appliquer. Tout les systèmes contrôlés en basse dimension peuvent être intéressants. Les jonctions Josephson constituent un bon exemple. Ce sont des systèmes quantiques à peu de niveaux qui possèdent des applications en information quantique. De plus, dans ces systèmes le contrôle est un courant électrique, ce qui permet une liberté de mise en forme suffisam-

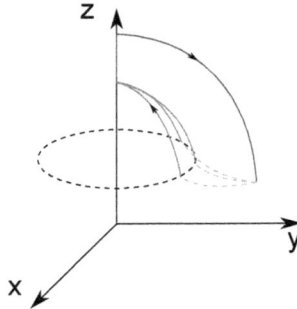

FIGURE 4.20 – Représentation schématique d'une solution aux effets de l'inhomogénéité sur le problème du point fixe dynamique. Durant le temps de la mesure, l'inhomogénéité va séparer les différents spins (trajets verts). Une phase de contrôle optimal numérique est utilisée pour les ramener tous sur l'axe (trajets rouges). Puis la solution du contrôle optimal géométrique est utilisée (en bleue).

ment grande pour implémenter les contrôles discontinus, lesquels sont courants en contrôle géométrique. Là encore, des études de contrôle optimal numérique ont déjà été réalisées [120, 121, 122], mais le contrôle géométrique n'a pas encore été appliqué à ces systèmes. Nous pourrions commencer par considérer un système à trois niveaux comme celui étudié dans [122]. Les deux premiers niveaux correspondent au Qubit et le but est d'implémenter des portes logiques sur ce Qubit sans peupler le troisième niveau.

Enfin, les questions soulevées par l'étude du STIRAP méritent d'être approfondies. Quel rôle jouent les singularités hamiltoniennnes sur la robustesse du contrôle ? Quelles sont les applications et les limites de la modulation de l'espace des phases par le choix du coût dans le PMP ? Est-il possible de décrire les autres processus adiabatiques connus avec cette méthode ? Ces différents points demanderaient chacun une étude complète. Par exemple, nous pourrions commencer par étudier le processus SCRAP [123], qui est un autre schéma de contrôle adiabatique bien connu.

En ce qui concerne le lien entre les singularités hamiltoniennes et les EDP, nous pouvons d'abord remarquer que peu d'expériences ont été réalisées. Certaines prédictions sur l'attraction de polarisation en contra-propagatif pourraient être testées. Par exemple, les prédictions de l'état de polarisation dans une fibre isotrope présentée dans [67] pourraient être validées expérimentalement. De même, un travail expérimental de mesure de la monodromie dynamique serait le bienvenu. Le cadre d'une expérience de mesure dans une courte fibre optique à indice variable (miroir de Bragg) est donné dans [113].

Ensuite, il existe une grande quantité de travail théorique à effectuer pour compléter ces études. Une des premières étapes serait de terminer la classification des solitons dans les milieux non-linéaires. L'étape suivante serait l'extension du formalisme aux EDP de second ordre. En effet, l'équation de Schrödinger non-linéaire est l'une des équations fondamentales de l'optique non-linéaire. Elle inclut des solutions de type soliton, on s'attendrait donc à pouvoir la traiter de la même façon, mais elle est du second ordre.

De plus, gardons à l'esprit qu'une partie importante des résultats repose sur des conjectures. Un travail mathématique pour démontrer ces conjectures consoliderait avec profit ce formalisme. Du point de vue mathématique, les propriétés d'existence et de stabilité des solutions pourraient fournir un sujet d'étude dans la continuité des résultats présentés dans [124]. En effet, dans cet article, les auteurs analysent en détail l'attraction de polarisation dans le cas d'une interaction linéaire. L'étape suivante serait donc d'ajouter les termes non-linéaires pour une description mathématique des solutions des EDP étudiées durant cette thèse.

Enfin, il pourrait être fructueux d'appliquer ce formalisme à des EDP provenant d'autres branches de la physique. On pourrait en premier lieu essayer d'étudier les vagues de spins en matière condensée. Les équations sont très proches, et la spintronique possédant d'importantes applications industrielles, l'impact n'en serait que plus grand.

Bibliographie

[1] M. N. Baibich, J. M. Broto, A. Fert, F. N. V. Dau and F. Petroff.
   Giant magnetoresistance of (001)Fe/(001)cr magnetic superlattices.
   Phys. Rev. Lett., **61**, 2472 (1988).

[2] A. Peirce, M. Dahleh and H. Rabitz.
   Optimal control of quantum-mechanical systems : Existence, numerical approximations and applications.
   Phys. Rev. A, **37**, 4950 (1988).

[3] R. Kosloff, S. A. Rice, P. Gaspard, S. Tersigni and D. J. Tannor.
   Wavepacket dancing : Achieving chemical selectivity by shaping light pulses.
   Chem. Phys., **139**, 201 (1989).

[4] J. Liouville.
   Note sur l'intégration des équations différentielles de la dynamique.
   J. Math. Pures Appl., **20**, 137 (1855).

[5] J. J. Duistermaat.
   On global action-angle coordinates.
   Comm. Pure Appl. Math., **33**, 6807 (1980).

[6] V. Jurdjevic.
   Geometric Control Theory.
   Cambridge University Press (1996).

[7] A. Agrachev and Y. Sachkov.
   Control theory from the geometrical viewpoint.
   Springer-Verlag (2004).

[8] B. Bonnard and M. Chyba.
   Singular trajectories and their role in control theory.
   Springer-Verlag (2003).

[9] U. Boscain and B. Piccoli.
   Optimal Syntheses for Control Systems on 2D Manifolds.
   Springer-Verlag (2004).

[10] W. Zhu and H. Rabitz.
   Noniterative algorithms for finding quantum optimal controls.
   J. Chem. Phys., **110**, 7142 (1999).

[11] W. Zhu and H. Rabitz.

A rapid monotonically convergent iteration algorithm for quantum optimal control over the expectation value of a positive definite operator.
J. Chem. Phys., **109**, 385 (1998).

[12] Y. Maday and G. Turinici.
New formulations of monotonically convergent quantum control algorithms.
J. Chem. Phys., **118**, 8191 (2003).

[13] N. Khaneja, T. Reiss, C. Kehlet, T. Schulte-Herbrüggen and S. J. Glaser.
Optimal control of coupled spin dynamics : Design of NMR pulse sequences by gradient ascent algorithms.
J. Magn. Res., **172**, 296 (2005).

[14] M. Lapert.
Développement de nouvelles techniques de contrôles optimal en dynamique quantique.
Ph.D. thesis, Université de Bourgogne (2011).

[15] S. Rice and M. Zhao.
Optimal control of quantum dynamics.
Wiley (2000).

[16] M. Shapiro and P. Brumer.
Principles of quantum control of molecular processes.
Wiley (2003).

[17] D. J. Tannor.
Introduction to quantum mechanics : A time-dependent perspective.
(University Science Books (2007).

[18] U. Boscain, G. Charlot, J. P. Gauthier, S. Guérin and H. R. Jauslin.
Optimal control in laser induced population transfer for two and three-level quantum systems.
J. Math. Phys., **43**, 2107 (2002).

[19] U. Boscain and P. Mason.
Time minimal trajectories for a spin 1/2 particle in a magnetic field.
J. Math. Phys., **47**, 062101 (2006).

[20] D. d'Alessandro.
Introduction to Quantum Control and Dynamics.
Taylor & Francis group (2008).

[21] M. Lapert, Y. Zhang, M. Braun, S. J. Glaser and D. Sugny.
Singular extremals for the time-optimal control of dissipative spin $\frac{1}{2}$ particles.
Phys. Rev. Lett., **104**, 083001 (2010).

[22] B. Bonnard, L. Faubourg and E. Trélat.
Mécanique céleste et contrôle des véhicules spatiaux.
Springer-Verlag (2006).

[23] E. Trélat.
Contrôle optimal : théorie et applications.
Vuibert (2005).

[24] B. Bonnard and D. Sugny.
Optimal Control with Applications in Space and Quantum Dynamics.
AIMS Series on Applied Mathematics (2012).

[25] D. Sugny.
Geometric optimal control of simple quantum systems.
Adv. Chem. Phys., **147** (2011).

[26] J. M. Lee.
Riemannian Manifolds : An Introduction to Curvature.
Springer (1997).

[27] B. Bonnard and D. Sugny.
Time-minimal control of dissipative two-level quantum systems : the integrable case.
J. Control Optim., **48**, no. 3, 1289 (2009).

[28] C. Huygens.
Horologium Oscillatorium sive de motu pendulorum.
Muguet (1673).

[29] V. Arnold.
A theorem of liouville concerning integrable problems of dynamics.
Siberian Math. J., **4** (1963).

[30] H. Mineur.
Sur les systèmes mécaniques admettant n intégrales premières uniformes et l'extension à ces systèmes de la méthode de quantification de sommerfeld.
C. R. Acad. Sci. Paris, **200**, 1571 (1935).

[31] H. Mineur.
Réduction des systèmes mécaniques à n degrés de liberté admettant n intégrales premières uniformes en involution aux systèmes à variables séparées.
J. Math. Pures Appl. IX Sér., **15**, 385 (1936).

[32] N. Nekhoroshev.
Action-angle variables and their generalization.
Trans. Mosc. Math. Soc., **26**, 181 (1972).

[33] R. Cushman and L. Bates.
Global Aspects of Classical Integrable Systems.
Birkhauser Verlag (1997).

[34] S. Vũ Ngoc.
Systèmes intégrables semi-classiques : du local au global.
Habilitation à Diriger des Recherches - Grenoble (2003).

[35] A. Iman.
Géométrie de systèmes Hamiltoniens intégrables : Le cas du système de Gelfand-Ceitlin.
Ph.D. thesis, Université de Paul Sabatier - Toulouse (2009).

[36] K. Efstathiou.
Metamorphoses of Hamiltonian Systems with Symmetry.
Springer-Verlag (2004).

[37] C. Brif, R. Chakrabarti and H. Rabitz.
Control of quantum phenomena : past, present and future.
New J. Phys., **12**, 075008 (2010).

[38] M. H. Levitt.
Spins dynamics : basics of nuclear magnetic resonance.
Wiley (2008).

[39] R. Ernst, G. Bodenhausen and A. Wokaun.
Principles of nuclear magnetic resonance in one and two dimensions.
Oxford Univ. Press (1988).

[40] S. Conolly, D. Nishimura and A. Macovski.
Optimal control solutions to the magnetic resonance selective excitation problem.
IEEE Trans. Med. Imaging, **5**, no. 2, 106 (1986).

[41] N. Khaneja, R. Brockett and S. J. Glaser.
Time optimal control in spin systems.
Phys. Rev. A, **63**, 032308 (2001).

[42] N. Khaneja, T. Reiss, B. Luy and S. J. Glaser.
Optimal control of spin dynamics in the presence of relaxation.
J. Magn. Reson., **162**, 311 (2003).

[43] N. I. Gershenzon, K. Kobzar, B. Luy, S. J. Glaser and T. E. Skinner.
Optimal control design of excitation pulses that accomodate relaxation.
J. Magn. Reson., **188**, 330 (2007).

[44] I. I. Maximov, J. Salomon, G. Turinici and N. C. Nielsen.
A smoothing monotonic convergent optimal control algorithm for nuclear magnetic resonance pulse sequence design.
J. Chem. Phys., **132**, 084107 (2010).

[45] C. Cohen-Tannoudji, B. Diu and F. Laloë.
Mécanique Quantique.
Hermann (1997).

[46] A. Bhattacharya.
Breaking the billion-hertz barrier.
Nature, **463**, 4 (2010).

[47] N. Bloembergen and R. V. Pound.
Radiation daping in magnetic resonance experiments.
Phys. Rev., **95** (1954).

[48] Y. Zhang, M. Lapert, D. Sugny, M. Braun and S. J. Glaser.
Time-optimal control of spin 1/2 particles in the presence of radiation damping and relaxation.
J. Chem. Phys., **134**, 054103 (2011).

[49] C. Altafini, P. Cappellaro and D. Cory.
Feedback schemes for radiation damping suppression in NMR : A control-theoretical perspective.

Sys. Contr. Lett., **59**, no. 12, 782 (2010).

[50] G. P. Berman, M. A. Espy, V. N. Gorshkov, V. I. Tsifrinovich and P. L. Volegov.
Radiation damping for speeding-up NMR applications.
arXiv :1111.7060v1 [physics.ins-det] (2011).

[51] W. S. Warren, S. L. Hammes and J. L. Bates.
Dynamics of radiation damping in nuclear magnetic resonance.
J. Chem. Phys., **91**, 5895 (1989).

[52] S. Li and N. Khaneja.
Control of inhomogeneous quantum ensembles.
Phys. Rev. A. (R), **73**, 030302 (2006).

[53] T. E. Skinner, K. Kobzar, B. Luy, R. Bendall, W. Bermel, N. Khaneja and S. J. Glaser.
Optimal control design of constant amplitude phase-modulated pulses : Application to calibration-free broadband excitation.
J. Magn. Res., **179**, 241 (2006).

[54] E. M. Haacke, R. W. Brown, M. R. Thompson and R. Venkatesan.
Magnetic Resonance Imaging : Physical Principles and Sequence Design.
Wiley, John & Sons (1999).

[55] Y. Chitour, F. Jean and E. Trelat.
Singular trajectories of control-affine systems.
J. Control. Optim., **47**, 1078 (2008).

[56] E. Assémat, M. Lapert, Y. Zhang, M. Braun, S. J. Glaser and D. Sugny.
Simultaneous time-optimal control of the inversion of two spin-$\frac{1}{2}$ particles.
Phys. Rev. A, **82**, 013415 (2010).

[57] U. Boscain and Y. Chitour.
Time minimal synthesis for left-invariant control systems on SO(3).
SIAM J. Control Optim., **44**, 111 (2005).

[58] CocCot is a free Matlab package designed to compute extremals solutions of the Pontryaging Maximum Principle (see the website http ://apo.enseeiht.fr/cotcot/ for details and references).

[59] M. Lapert, Y. Zhang, M. Braun, S. J. Glaser and D. Sugny.
Geometric versus numerical optimal control of a dissipative spin-1/2 particle.
Phys. Rev. A, **82**, 063418 (2010).

[60] K. Scheffler and S. Lehnhardt.
Principles and applications of balanced SSFP techniques.
Magn. Res., **13**, 2409 (2003).

[61] K. Bergmann, H. Theuer and B. W. Shore.
Coherent population transfer among quantum states of atoms and molecules.
Rev. Mod. Phys., **70**, no. 3, 1003 (1998).

[62] N. V. Vitanov, T. Halfmann, B. W. Shore and K. Bergmann.
Laser-induced population transfer by adiabatic passage techniques.
Annu. Rev. Phys. Chem., **52**, 763 (2001).

[63] Y. B. Band and O. Magnes.
Is adiabatic passage population transfer a solution to an optimal control problem ?
J. Chem. Phys., **101**, 7528 (1994).

[64] H. Yuan, C. P. Koch, P. Salamon and D. J. Tannor.
Controllability on relaxation-free subspaces : On the relationship between adiabatic population transfer and optimal control.
Phys. Rev. A, **85**, 033417 (2012).

[65] B. W. Shore, K. Bergmann, J. Oreg and S. Rosenwaks.
Multilevel adiabatic population transfer.
Phys. Rev. A, **44**, 7442 (1991).

[66] G. P. Agrawal.
Nonlinear Fiber Optics, third edition.
Academic Press (2001).

[67] E. Assémat, S. Lagrange, A. Picozzi, H. R. Jauslin and D. Sugny.
Complete nonlinear polarization control in an optical fiber system.
Opt. Lett., **35**, no. 12, 2025 (2010).

[68] E. Assémat, A. Picozzi, H. R. Jauslin and D. Sugny.
Hamiltonian tools for the analysis of optical polarization control.
J. Opt. Soc. Am. B, **29**, no. 4, 229 (2012).

[69] E. Assémat, D. Dargent, A. Picozzi, H.-R. Jauslin and D. Sugny.
Polarization control in spun and telecommunication optical fibers.
Opt. Lett., **36**, no. 20, 4038 (2011).

[70] S. Lagrange.
Relaxation d'ondes optiques non-linéaires : thermalisation d'ondes incohérentes et attraction de polarisation.
Ph.D. thesis, Université de Bourgogne (2008).

[71] S. Pitois.
Instabilité de modulation et solitons en parois de domaine dans les fibres optiques.
Ph.D. thesis, Université de Bourgogne (2000).

[72] S. Pitois, G. Millot and S. Wabnitz.
Nonlinear polarization dynamics of counterpropagating waves in an isotropic optical fiber : theory and experiments.
J. Opt. Soc. Am. B, **18**, no. 4, 432 (2001).

[73] V. V. Kozlov, J. Nuno and S. Wabnitz.
Theory of lossless polarization attraction in telecommunication fibers.
J. Opt. Soc. Am. B, **28**, 100 (2011).

[74] Y. S. Kivshar and G. P. Agrawal.
Optical Solitons : from Fibers to Photonic Crystals.
Academic Press (2003).

[75] S. Pitois, A. Picozzi, G. Millot, H. R. Jauslin and M. Haelterman.

Polarization and modal attractors in conservative counterpropagating four-wave interaction.

Europhys. Lett., **70**, 88 (2005).

[76] S. Pitois, G. Millot and S. Wabnitz.
Polarization domain wall solitons with counterpropagating laser beams.
Phys. Rev. Lett., **81**, 1409 (1999).

[77] S. Lagrange, D. Sugny, A. Picozzi and H. R. Jauslin.
Singular tori as attractors of four-wave-interaction systems.
Phys. Rev. E, **81**, 016202 (2010).

[78] D. Sugny, A. Picozzi, S. Lagrange and H. R. Jauslin.
Role of singular tori in the dynamics of spatiotemporal nonlinearwave systems.
Phys. Rev. Lett., **103**, 034102 (2009).

[79] J. Fatome, P. Morin, S. Pitois and G. Millot.
Light-by-light polarization control of 10-gb/s RZ and NRZ telecommunication signals.
IEEE Journal of Selected Topics in Quantum Electronics, **18**, 621 (2012).

[80] V. V. Kozlov and S. Wabnitz.
Instability of optical solitons in the boundary value problem for a medium of finite extension.
Lett. Math. Phys. (2010).

[81] D. David, D. D. Holm and M. V. Tratnik.
Hamiltonian chaos in nonlinear optical polarization dynamics.
Phys. Rep., **187**, 281 (1990).

[82] V. V. Kozlov and S. Wabnitz.
Theoretical study of polarization attraction in high-birefringence and spun fibers.
Opt. Lett., **35**, no. 23, 3949 (2010).

[83] S. Pitois, J. Fatome and G. Millot.
Polarization attraction using counterpropagating waves in optical fiber at telecommunication wavelengths.
Opt. Express, **16**, 6646 (2008).

[84] J. Fatome, S. Pitois, P. Morin and G. Millot.
Observation of light-by-light polarization control and stabilization in optical fibre for telecommunication applications.
Opt. Express, **18**, 15311 (2010).

[85] V. I. Arnold.
Mathematical Methods of Classical Mechanics.
Springer-Verlag (1989).

[86] L. Grondin, D. A. Sadovskií and B. I. Zhilinskií.
Monodromy as topological obstruction to global action-angle variables in systems with coupled angular momenta and rearrangement of bands in quantum spectra.
Phys. Rev. A, **65**, 012105 (2001).

[87] D. Kaup, A. Reiman and A. Bers.

Space-time evolution of nonlinear three-wave interactions. i. interaction in a homogeneous medium.

Rev. Mod. Phys., **51**, 275 (1979).

[88] C. Montes, A. Picozzi and D. Bahloul.
Dissipative three-wave structures in stimulated backscattering. ii. superluminous and subluminous solitons.
Phys. Rev. E, **55**, 1092 (1997).

[89] K. S. Gage and W. H. Reid.
The stability of thermally stratified plane poiseuille flow.
J. Fluid. Mech., **33**, 21 (1968).

[90] F. H. Busse and J. A. Whitehead.
Instabilities of convection rolls in a high prandtl number fluid.
J. Fluid. Mech., **47**, 305 (1971).

[91] M. C. Cross and P. C. Hohenberg.
Pattern formation outside of equilibrium.
Rev. Mod. Phys., **65**, 851 (1993).

[92] G. D'Alessandro and W. J. Firth.
Spontaneous hexagon formation in a nonlinear optical medium with feedback mirror.
Phys. Rev. Lett., **66**, 2597 (1991).

[93] D. Sugny, P. Mardesic, M. Pelletier, A. Jebrane and H. R. Jauslin.
Fractional hamiltonian monodromy from a gauss-manin monodromy.
J. Math. Phys., **49**, 042701 (2008).

[94] R. Cushman and J. Duistermaat.
The quantum spherical pendulum.
Bulletin of the AMS (new series), **19**, 475 (1988).

[95] R. H. Cushman and D. A. Sadovskií.
Monodromy in perturbed kepler systems : Hydrogen atom in crossed fields.
Europhys. Lett., **47**, no. 1, 1 (1999).

[96] D. A. Sadovskií and B. I. Zhilinskií.
Monodromy, diabolic points, and angular momentum coupling.
Phys. Lett. A, **256**, 235 (1999).

[97] M. S. Child, T. Weston and J. Tennyson.
Quantum monodromy in the spectrum of H_2O and other systems : new insight into the level structure of quasi-linear molecules.
Mol. Phys., **96**, no. 3, 371 (1999).

[98] S. Vũ Ngoc.
Quantum monodromy in integrable systems.
Comm. Math. Phys., **203**, 465 (1999).

[99] N. Nekhoroshev, D. Sadovskií and B. Zhilinskií.
Fractional monodromy of resonant classical and quantum oscillators.
C. R. Acad. Sci. Paris, **335**, 985 (2002).

[100] D. Sadovskií and B. Zhilinskií.
Hamiltonian systems with detuned 1 :1 :2 resonance : manifestation of bidromy.
Ann. Phys., **322**, 164 (2007).

[101] K. Efstathiou and D. Sugny.
Integrable hamiltonian systems with swallowtails.
J. Phys. A, **43**, 085216 (2010).

[102] J. Verne.
Le Tour du monde en 80 jours.
Hetzel (1873).

[103] M. S. Child.
Quantum monodromy and molecular spectroscopy.
Adv. Chem. Phys., **136**, 39 (2007).

[104] D. Sugny.
Théorie des Perturbations Canonique et Dynamique Moléculaire Non-Linéaire.
Ph.D. thesis, Université Joseph Fourier - Grenoble I (2002).

[105] M. Joyeux, D. Sugny, V. Tyng, M. E. Kellman, H. Ishikawa, R. W. Field, C. Beck and R. Schinke.
Semiclassical study of the isomerization states of HCP.
J. Chem. Phys., **112**, 4162 (2000).

[106] M. Joyeux and D. Sugny.
Canonical perturbation theory for highly excited dynamics.
Can. J. Phys., **80**, 1459 (2002).

[107] K. Efstathiou, M. Joyeux and D. A. Sadovskií.
Global bending quantum number and the absence of monodromy in the HCN↔CNH molecule.
Phys. Rev. A, **69**, 032504 (2004).

[108] R. Jost, M. Joyeux, S. Skokov and J. Bowman.
Vibrational analysis of HOCl up to 98% of the dissociation energy with a fermi resonance hamiltonian.
J. Chem. Phys., **111**, no. 15, 6807 (1999).

[109] E. Assémat, K. Efstathiou, M. Joyeux and D. Sugny.
Fractional bidromy in the vibrational spectrum of HOCl.
Phys. Rev. Lett., **104**, 113002 (2010).

[110] T. Azzam, R. Schinke, S. C. Farantos, M. Joyeux and K. A. Peterson.
The bound state spectrum of HOBr up to the dissociation limit : Evolution of saddle-node bifurcations.
J. Chem. Phys., **118**, 9643 (2003).

[111] J. B. Delos, G. Dhont, D. A. Sadovskii and B. I. Zhilinskii.
Dynamical manifestation of hamiltonian monodromy.
Europhys. Lett., **83**, 24003 (2008).

[112] J. B. Delos, G. Dhont, D. A. Sadovskii and B. I. Zhilinskii.

Dynamical manifestation of hamiltonian monodromy.
Ann. Phys., **324**, 1953 (2009).

[113] E. Assémat, C. Michel, A. Picozzi, H. R. Jauslin and D. Sugny.
Manifestation of hamiltonian monodromy in nonlinear wave systems.
Phys. Rev. Lett., **106**, 014101 (2011).

[114] D. N. Christodoulides and R. I. Joseph.
Slow bragg solitons in nonlinear periodic structures.
Phys. Rev. Lett., **62**, 1746 (1989).

[115] D. J. Kaup, A. Reiman and A. Bers.
Space-time evolution of nonlinear three-wave interactions.
Rev. Mod. Phys., **51**, 275 (1979).

[116] E. Assémat, A. Picozzi, H. R. Jauslin and D. Sugny.
Instabilities of optical solitons and hamiltonian singular solutions in a medium of finite extension.
Phys. Rev. A., **84**, 013809 (2011).

[117] J. Fatome, S. Pitois, P. Morin, D. Sugny, E. Assémat, A. Picozzi, H. R. Jauslin, G. Millot, V. V. Kozlov and S. Wabnitz.
A universal optical all-fiber polarizer.
submitted to Nature Comm. (2012).

[118] N. Khaneja, F. Kramer and S. J. Glaser.
Optimal expériments for maximizing coherence transfer between coupled spins.
J. Magn. Reson., **173**, 116 (2005).

[119] N. Khaneja, B. Heitmann, A. Spörl, H. Yuan, T. Schulte-Herbrüggen and S. J. Glaser.
Shortest paths for efficient control of indirectly coupled qubits.
Phys. Rev. A, **75**, 012322 (2007).

[120] P. Rebentrost and F. K. Wilhelm.
Optimal control of a leaking qubit.
Phys. Rev. B, **79**, 060507(R) (2009).

[121] H. Jirari, F. W. J. Hekking and O. Buisson.
Optimal control of superconducting n-level quantum systems.
Eur. Phys. Lett., **87**, 28004 (2009).

[122] S. Safaei, S. Montangero, F. Taddei and R. Fazio.
Optimized single-qubit gates for josephson phase qubits.
Phys. Rev. B, **79**, 064524 (2009).

[123] L. P. Yatsenko, B. W. Shore, T. Halfmann and K. Bergmann.
Source of metastable H(2s) atoms using the stark chirped rapid-adiabatic-passage technique.
Phys. Rev. A, **60**, R4237 (1999).

[124] M. Grenier, H. R. Jauslin, C. Klein and V. B. Matveev.
Wave attraction in resonant counter-propagating wave systems.
J. Math. Phys., **52**, 082704 (2011).